プログラムが
コンピュータで動く仕組み

ハードウェア記述言語・CPUアーキテクチャ・
アセンブラ・コンパイラ超入門

博士(工学) **中野　浩嗣**

博士(工学) **伊藤　靖朗**　【共著】

コロナ社

ま え が き

　本書は，「プログラムがどのような仕組みでコンピュータ上で動いているのか？」という疑問になるべく簡単に答えるのを目的としている。実際に使われているプログラム言語とコンピュータは複雑すぎるため，これらを用いてこの疑問に答えるには多大な時間と労力を必要とする。そこで本書では，必要最小限のごく小さなコンピュータとごく小さな C 言語風プログラミング言語を題材に，この疑問に答える。なるべく少ない時間と努力でプログラムがコンピュータで動作する仕組みの本質を理解するのが目的である。

　多くの人が C 言語などのプログラミングを学び，実際にプログラミングを行っている。しかし，プログラムがどのようにコンピュータ上で動作するのか理解した上でプログラムを作成している人は少ないであろう。プログラムの字面を見てその動作を追っている場合がほとんどであると思われる。プログラム開発者が記述した C 言語プログラムは，コンパイラとアセンブラにより機械語プログラムに変換され，コンピュータの CPU 上で動作する。どのような機械語に変換されるのかということを意識することにより，プログラム開発者はより効率のよいプログラムを書けるようになることが期待できる。

　本書では，プログラムがコンピュータで動作する仕組みを短時間で理解するために，ごく小さな CPU の TinyCPU を設計し，その CPU 上で直接実行できる機械語プログラムの動作シミュレーションを行う。また，TinyCPU の機械語プログラムに変換することを想定したアセンブリ言語 TinyASM を導入し，TinyASM プログラムを機械語プログラムに変換するアセンブラを設計する。さらには，C 言語風プログラミング言語 TinyC を導入し，TinyC プログラムを TinyASM プログラムに変換するコンパイラを設計する。以上により，コンパイラを用いて C 言語風の TinyC プログラムを TinyASM プログラムに変換

し，アセンブラを用いて機械語プログラムに変換すれば，TinyCPU 上で動作させることができる。

TinyCPU の設計にはハードウェア記述言語 Verilog を用いる。Verilog の言語仕様は C 言語に似ており，デジタル回路の動作をソフトウェアプログラム的に記述する。論理設計ツールを用いることにより，Verilog による回路記述を実際のデジタル回路に変換することができる。本書では Verilog について基礎から学習するので，Verilog によるデジタル回路設計法を習得することができる。

TinyASM のアセンブラは Perl を用いて記述する。Perl は C 言語に似たスクリプト言語で，文字列処理や連想配列の操作を簡単に記述することができる。Perl の知識がまったくないことを前提に，Perl の基礎を説明するので，アセンブラを理解するにあたり，Perl の事前知識は不要である。

TinyC のコンパイラ設計は，コンパイラ作成ツールである Flex（字句解析ツール）と Bison（構文解析ツール）を用いる。これらも基本から説明するので，コンパイラ設計を理解するにあたり，これらのツールの事前知識も不要である。

一方，本書では，さまざまな回路をハードウェア記述言語 Verilog を用いて設計していくので，デジタル回路設計のある程度の基礎知識が必要である。本書内でも簡単には説明しているが，論理積，論理和，全加算器，セレクタ回路，組み合わせ回路，フリップフロップ，カウンタ回路，メモリ回路，順序回路を知っていると，Verilog でのデジタル回路設計が容易に理解できるだろう。本書のデジタル回路設計の内容については，拙著 1)† と用語を統一しているので，これまでにデジタル回路設計を勉強したことのない読者には，この本をざっと読まれることをお薦めする。

C 言語プログラミングについても，基礎的な知識があることを前提としている。TinyC は C 言語のごく小さなサブセットであり，変数宣言や，if 文，while 文，do 文については C 言語の仕様をそのまま引き継いでいる。また，TinyC の

---

†　この片かっこ番号は，巻末の引用・参考文献の番号を表す。肩付きで表記する場合もある。

コンパイラ設計では，関数呼び出しや return，インクリメント演算（++）を用いるので，C 言語プログラミングにおいてこれらがなにを意味するのかを知っている必要がある。さらに，C 言語を知っている前提で，TinyASM のアセンブラに用いる Perl プログラミングを説明している。

　本書の大きな特徴は，つぎの項目を一度に学ぶことができる点にある。

- Verilog によるデジタル回路設計
- プロセッサアーキテクチャ
- 機械語プログラミング
- アセンブリ言語プログラミング
- アセンブラ設計
- Perl プログラミング
- コンパイラ設計

ただし，個々の項目についてその内容を完全に網羅しているわけではない。いずれもごく基礎的で導入的な内容に限っている。本書により，これらの項目に興味をもたれた方は，より詳しく書いた専門書で勉強されることをお薦めする。なお，本書を執筆するにあたり，Verilog については文献 2) を参考にした。また，Flex と Bison については，文献 3) と文献 4) を参考にした。

　本書は 7 章で構成される。

　1 章は，Verilog を用いた組み合わせ回路の設計法について説明している。半加算器，全加算器，加算器，セレクタ回路などを具体例に，Verilog によるデジタル回路の記述方法を学ぶ。また，Verilog のテストベンチを作成し，Icarus Verilog を用いてシミュレーションを行い，波形表示ツール GTKWave を用いてタイミングチャートを画面表示して，Verilog により設計したデジタル回路が意図したとおりに正しく動作することを確認する。また，TinyCPU の構成部品である算術論理演算回路を設計する。

　2 章は，Verilog を用いた順序回路の設計法について説明している。まず，フリップフロップの設計法を説明し，それを拡張することにより，カウンタ回路，スタック回路，メモリ回路を設計している。これら三つの回路は TinyCPU の

構成部品となる。

　TinyCPU の設計をボトムアップに行うために，3 章では，TinyCPU の一部の機能だけを実現する回路を設計する。具体的には，式の計算をスタック上で行う演算スタック回路，メモリ回路に格納されている機械語プログラムの機械語コードを順次取り出して命令レジスタに格納する命令フェッチ回路，メモリ回路に格納されている式の計算を行う機械語プログラムを実行する式計算回路，命令レジスタにある 16 ビットの機械語コードの上位 8 ビットをアドレス下位 8 ビットをデータとみなしてメモリ回路への書き込みを行う拡張命令フェッチ回路，の四つの回路を設計する。

　4 章では TinyCPU を Verilog で設計する。まず，TinyCPU の構造と機械語命令セットを説明する。TinyCPU はこれまでに設計した回路を構成部品として組み合わせたものである。それらの回路を制御する 15 本の制御線を設定し，その制御線がどのような値をとるかを定義する。その定義に基づいて，TinyCPU の Verilog ソースコードを記述する。ごく簡単な機械語プログラムを対象にシミュレーションを行い，タイミングチャートを表示して，正しく動作することを確認する。

　5 章では，TinyCPU 向けのアセンブリ言語 TinyASM の仕様と TinyASM プログラミングを説明する。TinyC の基本構文（代入文，if 文，if–else 文，while 文，do 文）を TinyASM プログラムに手作業で変換するハンドコンパイルの方法を具体例をみながら説明する。そして，コラッツの問題の計算を行う TinyASM プログラムと，ユークリッドの互除法により最大公約数を求める TinyASM プログラムを作成する。これらをハンドアセンブルにより機械語プログラムに変換し，TinyCPU 上での動作シミュレーションを行う。

　6 章では，TinyASM プログラムを機械語プログラムに自動的に変換するアセンブラを Perl を用いて設計する。Perl の知識がなくても理解できるよう，Perl の超入門から始める。Perl の超入門では，スカラ変数，リスト，連想配列，パターンマッチ，文字列の置換など，Perl プログラミングの基本を説明する。これらの Perl の機能を用いて，アセンブラを設計する。

　7章では，TinyC プログラムを TinyASM プログラムに自動的に変換するコンパイラをコンパイラ作成ツールの Flex（字句解析ツール）と Bison（構文解析ツール）を用いて設計する。これらのツールの使い方を学ぶため，後置記法の式の計算を行うプログラムを Flex を用いて設計する。また，中置記法の式の計算を行うプログラムを Flex と Bison の両方を用いて設計する。そして，TinyC の代入文専用のコンパイラを設計し，最後に TinyC コンパイラを設計する。

　各章には演習問題があるが，その章までに学んだ知識だけで解くには難しいものもいくつか含まれており，区別のためそのような問題には，問題番号の右肩にアステリスク（∗）を付けている。より現実的な回路設計やコンパイラ設計では用いられている内容であり，興味ある読者にはぜひ挑戦してほしい。

　なお，本書を執筆するにあたり，Flex と Bison，および GNU C コンパイラ（gcc）は，Windows 上に Linux に似た環境を提供する Cygwin に含まれているものを用いた。また，Icarus Verilog（Verilog シミュレータ）と GTKWave（波形表示ツール）は，Windows 版のものを用いた。Cygwin は https://www.cygwin.com/ からインストーラをダウンロードすることができる。また，Icarus Verilog と GTKWave の Windows 版インストーラは，http://bleyer.org/icarus/ からダウンロード可能である†。

　本書に掲載したプログラム（リスト連番のあるプログラム）のソースファイルおよび章末演習問題の解答のうち主要なものを，コロナ社ホームページの本書サポートページ https://www.coronasha.co.jp/np/isbn/9784339029222/ にアップするので，必要に応じてダウンロードあるいは参照してほしい。

　最後に，本書を出版するにあたり，お世話いただいたコロナ社に深く感謝を申し上げる。

2021 年 9 月

中野浩嗣，伊藤靖朗

---

† 本書に示した URL は，2021 年 6 月現在のものである。

目　　　次

3章　TinyCPU の設計の準備

4章　TinyCPU の設計

5章　アセンブリ言語プログラミング

6章　アセンブラの設計

7章　コンパイラの設計

1章

Verilog による組み合わせ回路の設計

◆本章のテーマ

　ハードウェア記述言語 Verilog の基本構文と，組み合わせ回路の設計方法を具体的な回路の記述例を参照しながら理解する。また，回路シミュレーションのためのテストベンチの記述法と，Icarus Verilog を用いてテストベンチをコンパイルし，タイミングチャートを表示する方法を学ぶ。セレクタ回路の記述法と，それを応用した算術論理演算回路を設計する。

◆本章の構成（キーワード）

1.1　Verilog の基本構文とシミュレーション
　　　半加算器，全加算器，加算器，モジュール，テストベンチ，タイミングチャート，モジュールのインスタンス化，定数表現，演算子，配線，変数，input 文，output 文，wire 文，reg 文，assign 文，always 文，initial 文，parameter 文，define 文，include 文

1.2　セレクタ回路とその応用
　　　セレクタ回路，7 セグメントデコーダ，算術論理演算回路，case 文，default 文，不定値

◆本章を学ぶと以下の内容をマスターできます

☞　Verilog の基本構文
☞　assign 文と always 文を用いた組み合わせ回路の記述法
☞　シミュレーションのためのテストベンチの書き方
☞　Icarus Verilog を用いたシミュレーションとタイミングチャートの表示
☞　ビット数が可変の組み合わせ回路の記述法
☞　算術論理演算回路の設計方法

1.1 Verilog の基本構文とシミュレーション

　Verilog は，回路設計のための記述言語（ハードウェア記述言語，hardware description language，**HDL**）である。記述は C 言語と似ており，回路設計者はデジタル回路の動作をソフトウェアプログラム的に記述する。シミュレータを用いて，記述された動作をシミュレーションすることにより，回路設計者の意図した動作となっているかどうかを確認することができる。また，論理合成ツールを用いて Verilog による回路記述を実際のゲート回路やフリップフロップを用いたデジタル回路に変換することができる。Verilog で回路を記述すれば，ゲート回路やフリップフロップを配置した回路の図面を描くことなく，デジタル回路を設計することができる。

1.1.1　Verilog による半加算器の回路記述

　Verilog による回路記述の最も簡単な例として，**半加算器**を設計する。半加算器は，1 ビットの入力 x と y および 1 ビットの出力 s と c をもつ。

　図 **1.1**(a) に示したように，加算 x+y の結果が 2 ビット cs に求められる。ここで，s が合計で c が桁上がりである。出力 s が 1 となるのは，入力 x と y のいずれか一つだけが 1 のときである。また，出力 c が 1 となるのは，入力の両方が 1 のときである。よって，s と c を求める論理式は，つぎのように書くことができる。

```
        x          x  y | c  s
                    ──────────
   +    y          0  0 | 0  0
  ─────────        0  1 | 0  1
   c    s          1  0 | 0  1
                    1  1 | 1  0
```

　（ a ）　半加算器の計算　　（ b ）　半加算器の真理値表

図 1.1　半加算器の計算と真理値表

```
s = x ^ y
c = x & y
```

この二つの論理式で用いられている ^ と & は，C 言語と同じで，それぞれ排他
的論理和と論理積を表す。半加算器の**真理値表**（ブール関数の入力と出力の対
応表）は図 (b) のようになる。

　リスト **1.1** は，s と c の論理式をもとに記述した半加算器の Verilog ソース
コードである。Verilog ソースコードを保存するファイルの拡張子は .v を用い
る。また，**図 1.2** は，その Verilog ソースコードにより設計される半加算器の
構造を表しており，排他的論理和と論理和の計算に，XOR ゲートと AND ゲー
トをそれぞれ用いている。

リスト 1.1　半加算器の Verilog ソースコード ha.v

```
1   module ha(x,y,s,c);  // 半加算器ha, ポートリストx,y,s,c
2
3     input x,y;  // 入力ポートx,y
4     output s,c;  // 出力ポートs,c
5     wire x,y,s,c; // 配線x,y,s,c（省略可）
6
7     assign s=x^y; // 配線sへの継続的代入
8     assign c=x&y; // 配線cへの継続的代入
9
10  endmodule
```

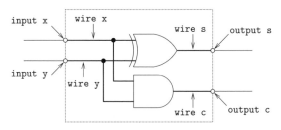

図 1.2　半加算器のモジュール ha の構造

　Verilog のソースコードは，一つ以上のモジュールから構成される。**モジュー
ル**とは，**入力ポート**や**出力ポート**をもつひとまとまりの回路である。リスト 1.1 の

モジュールは，1 行目の**モジュール宣言** module で始まり，10 行目の endmodule
で終わる。

　1 行目では**モジュール名**が ha であることを宣言している。それにつづく丸
かっこの中は，そのモジュールの**ポートリスト**であり，x, y, s, c のそれぞれが
入力または出力のためのポートであることを宣言している。モジュールは C 言
語の関数と似ており，ポートは C 言語の引数と同様の性質をもち，外部と値の
やり取りを行うのに用いられる。ここで，「//」の後ろに説明が書かれている
が，C 言語と同じく「//」から行末までがコメントであり，Verilog のシミュ
レータや論理合成ツールはこの部分を無視する。また，複数行にわたるコメン
トの場合は，C 言語と同様に，/* ～ */ を用いることができる。

　3 行目の **input 文**は，x と y が 1 ビットの入力ポートであることを意味して
おり，モジュール外部からのデータを受け取ることができる。

　4 行目の **output 文**は，s と c が 1 ビットの出力ポートであることを宣言し
ており，モジュール外部にデータを出力することができる。

　5 行目の **wire 文**は，x, y, s, c がモジュール内部のネット，つまり要素を接
続する**配線**であることを宣言している。ここで x, y は配線でありかつ入力ポー
トでもあるので，入力ポートの値がそのまま同じ名前の配線の値となる。つま
り，入力ポート x（input x）と配線 x（wire x）は図 1.2 のように接続して
いると考える。同様に，配線 s（wire s）と c（wire c）の値はそのまま出力
ポート s（output s）と c（output c）の値となる。wire 文で宣言された配線
が入力ポートまたは出力ポートでもある場合，wire 文による配線の宣言（5 行
目）は省略できる。今後は，基本的にこのような wire 文は省略することにする。

　7 行目と 8 行目の **assign 文**は，等号「=」の右辺の式の値が左辺の配線に継
続的に代入されつづけることを意味する。つまり，右辺の式の値が変更される
と，ただちに左辺の配線に代入される。よって，配線 s と c に，半加算器とし
て適切な値が継続的に代入されることがわかる。このように assign 文を用いる
ことにより，配線の永続的な接続関係を定義することができる。

1.1.2 半加算器のテストベンチ

　モジュールが正しいかどうかを確認するには，さまざまな入力に対して出力が意図したとおり得られるかどうかのシミュレーションを行う方法がある，入力が多い場合，すべての入力の組み合わせをシミュレーションすることは，組み合わせ数が膨大になり現実的には不可能なので，正しさの厳密な証明にはならない。しかし，シミュレーションにより明らかなバグはなく，たぶん正しいだろうということを，人の目で確認することができる。

　モジュールのシミュレーションを行うために，**テストベンチ**を作成する。テストベンチでは，シミュレーションの対象となるモジュールへの入力ポートに与える値を時系列的に定義する。そして，出力ポートから得られる値の変化をみて，入力と出力の対応が正しいことを確認する。**リスト 1.2** は半加算器のモジュール ha を対象とするテストベンチの Verilog ソースコードである。テストベンチも Verilog のモジュールであり，2 行目から 18 行目がテストベンチ ha_tb のモジュール本体である。

リスト **1.2**　半加算器のテストベンチ ha_tb.v

```
1   `timescale 1ns/1ns  // 1単位時間1ns，精度1ns。今後は省略する
2   module ha_tb;  // 半加算器のテストベンチha_tb
3
4     reg x,y;  // 変数x,yの宣言
5     wire s,c;  // 配線s,cの宣言
6
7     ha ha0(.x(x),.y(y),.s(s),.c(c));  // haのインスタンス化
8
9     initial begin  // ここから実行開始
10      $dumpvars;  // 変数や配線の値の書き出し開始
11      x=0; y=0; #100   // x, yに値を代入し100単位時間待つ
12      x=0; y=1; #100
13      x=1; y=0; #100
14      x=1; y=1; #100
15      $finish;  // 書き出し終了
16    end
17
18  endmodule
```

1 行目の **timescale** 文では，シミュレーションの 1 単位時間が 1 ns（ナノ秒），精度が 1 ns であることを宣言している。11 行目から 14 行目の各行に#100 と書かれているが，これは 100 単位時間，つまり 100 ns を意味する。また，シミュレーションにおける経過時間が精度の整数倍にならない場合は，経過時間が精度の整数倍に丸められる。今後は，この timescale 文を省略することにする。Icarus Verilog では，省略した場合，1 単位時間と精度が 1 s（1 秒）となるが，設計した回路の論理的な正しさを見る上では差し支えない。

2 行目は，テストベンチのためのモジュール名の宣言であり，ha_tb がモジュール名である。

4 行目は，**reg** 文で x と y が 1 ビットの値をとる変数であることを宣言している。Verilog では変数の宣言にこの reg 文を用いる。

5 行目は，wire 文で s と c が 1 ビットの配線であることを宣言している。

7 行目でシミュレーションの対象となる半加算器のモジュール **ha** を**インスタンス化**している。インスタンス化とはモジュールを実体化することであり，モジュールで定義された回路が実際に生成されると考えればよい。つまり，半加算器のモジュール **ha** の記述であるリスト 1.1 は，回路の仕様書であり，実体はない。リスト 1.2 の 7 行目インスタンス化によって，半加算器が実体化すると考える。オブジェクト指向言語において，クラスで宣言されたデータを生成しメモリ上にロードすることをインスタンス化と呼ぶのに似ている。ha0 は**インスタンス名**である。その丸かっこ内の.x，.y，.s，.c は，モジュール **ha** のポートを表しており，各ポート名にピリオド「.」が付いている。そして，.x(x) のかっこ内の x は，4 行目の reg 文で宣言された変数 x である。変数 x の値がそのモジュールの入力ポート x に代入される。他の.y(y)，.s(s)，.c(c) のかっこ内の y，s，c も同様に 4 行目と 5 行目で宣言された変数やネットである。これにより，**図 1.3** に示したように，インスタンス化されたモジュールのポートとテストベンチの変数やネットとの接続が定義される。

9 行目から 16 行目の initial begin～end で囲まれた部分で変数 x と y の値の変化を定義している。**initial** 文は，直後の文がシミュレーション開始時に

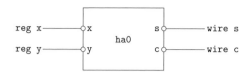

図 **1.3**　半加算器のテストベンチ `ha_tb` の構造

一度だけ実行される。複数の代入文を実行するので，これらを begin〜end で囲んで一つの文として扱うようにしている。

10 行目の $dumpvars は，ここから変数や配線の値のファイルへの書き出しを開始することを意味し，15 行目の $finish は，書き出しの終了を意味する。Icarus Verilog ではファイル a.out に書き出される。このファイルをもとに，変数や配線の値を波形表示ツール GTKwave によって表示することができる。

11 行目から 14 行目で変数 x と y の値の変化を定義している。#100 は 100 単位時間，つまり 100 ns の時間の経過を意味している。よって，11 行目は，x と y の値を両方とも 0 にして 100 単位時間待つことを意味する。そして，12 行目は，x に 0，y に 1 を代入し 100 単位時間待つ。x の値は代入前も 0 で変わらないので，12 行目の x=0 は省略できる。13 行目では，x に 1，y に 0 を代入し 100 単位時間待ち，14 行目では，x に 1，y に 1 を代入し 100 単位時間待つ。

以上より，二つの変数 x と y の値の 4 通りの組み合わせについて，半加算器のモジュール ha に順次入力されることがわかる。

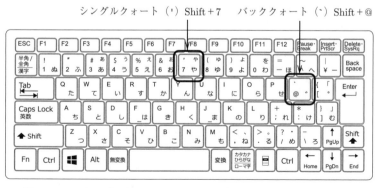

図 **1.4**　JIS キーボードのシングルクォートとバッククォートの入力方法

リスト 1.2 の 1 行目の「` 」はバッククォートであることに注意されたい。Verilog では，シングルクォート「' 」も用いるので，見た目が似ているこれらの記号を明確に区別する必要がある。現在幅広く用いられている JIS キーボードで，これらの文字をキーボード入力するには，**図 1.4** に示したように，シングルクォートは Shift キーを押しながら 7 キーを押す（Shift+7）。バッククォートは Shift キーを押しながら@キーを押す（Shift+@）。

1.1.3 Icarus Verilog によるシミュレーション

Icarus Verilog は，オープンソースの Verilog シミュレータである。また **GTKWave** は，オープンソースの波形表示ツールである。Windows 版の Icarus Verilog と GTKWave を用いてテストベンチを実行してシミュレーションを行い，シミュレーション結果の波形を表示する方法を，半加算器の Verilog 記述 `ha.v`（リスト 1.1）とそのテストベンチ `ha_tb.v`（リスト 1.2）を例に説明する。Icarus Verilog と GTKWave の実行には，Cygwin のターミナルを用いるものとする。

図 1.5 はその大まかな手順を示している。まず，`iverilog` を用いて，二つの Verilog のソースコード `ha_tb.v` と `ha.v` をコンパイルすると，シミュレーション用のプログラム `a.out` に変換される。具体的には，つぎのコマンドをターミナルで実行する。

```
$ iverilog ha_tb.v ha.v
```

すると，プログラム `a.out` がつくられるので，これを `vvp` コマンドを用いて実行する。

```
$ vvp a.out
```

図 1.5 Icarus Verilog と GTKWave によるシミュレーションと波形の表示

これにより，波形データファイル dump.vcd がつくられる。波形表示ツール gtkwave を用いて，dump.vcd を表示する。

```
$ gtkwave dump.vcd
```

　Verilog ソースコードに間違いがなく，正しくコマンドを実行し，成功すれば，図 **1.6** のシミュレーション波形が表示される。このように時間とともに変数や配線の値がどのように変わるかを示したシミュレーション波形を**タイミングチャート**と呼ぶ。ただし，実行しただけではタイミングチャートは表示されず，モジュールを選択し，表示したい配線や変数をマウスで選んで，Signals のウィンドウにドラッグする必要がある。いずれも直感的な操作なので，タイミングチャートを表示させるのは容易であろう。図 1.6 のタイミングチャートでは，変数 x と y，および配線 s と c の値が時刻 0 ns から 400 ns まで表示されている。それぞれの波形が上下に変化しているが，下が 0 で上が 1 を意味する。例えば，変数 x は，時刻 0 ns から 200 ns の間は 0 であり，時刻 200 ns で 1 に変わり，時刻 400 ns まで 1 がつづく。このタイミングチャートの示す値は半加算器の真理値表（図 1.1（b））と一致しており，半加算器の Verilog ソースコード ha.v の正しさが確認できる。

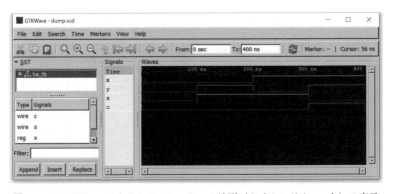

図 **1.6**　GTKWave によるシミュレーション波形（タイミングチャート）の表示

1.1.4 モジュールのインスタンス化

前項では，テストベンチにシミュレーションの対象となるモジュールをインスタンス化することにより，シミュレーションを行うことができることを説明した。モジュールを設計するときに他のモジュールを部品として利用する場合にも，インスタンス化を用いる。ここでは，具体例として，半加算器をインスタンス化して全加算器を設計する方法を説明する。

全加算器は，1 ビットの入力 x，y，z と 1 ビットの出力 s と c をもつ。図 **1.7**(a) に示したように，x+y+z の合計が 2 ビット cs に求められる。よって，全加算器は，半加算器の入力が一つ増えた回路である。論理式を用いて，つぎのように書くことができる。

```
s = x ^ y ^ z
c = (x & y) | (y & z) | (z & x)
```

ここで，「|」は論理和を表す。合計 s は，三つの入力の排他的論理和であり，桁上がり c は三つの入力のうち二つ以上が 1 のときに 1 となる。図 (c) は，全加算器の真理値表である。

半加算器のモジュール ha をこの論理式をもとに修正すれば，全加算器を容易に設計することができる。ここでは，あえて 2 個の加算器をインスタンス化

```
    x
    y
+   z
------
c   s
```

(a) 全加算器の計算

```
      y
+     z
--------
c0   s0

      x
+    s0
--------
c1    s
```

(b) 半加算器 2 個の計算

x	y	z	s0	c0	c1	s	c
0	0	0	0	0	0	0	0
0	0	1	1	0	0	1	0
0	1	0	1	0	0	1	0
0	1	1	0	1	0	0	1
1	0	0	0	0	0	1	0
1	0	1	1	0	1	0	1
1	1	0	1	0	1	0	1
1	1	1	0	1	0	1	1

(c) 全加算器の真理値表

図 **1.7** 全加算器の計算と真理値表

する方法で全加算器を設計する。図 **1.8** は，そのアイデアを用いて設計したモジュール fa の回路図である。図 1.7（ b ）のように，まず，y と z を半加算器 ha0 に入力し，合計 s0 と桁上がり c0 を求める。そして，x と s0 を半加算器 ha1 に入力し，合計 s と桁上がり c1 を求める。この合計 s が全加算器の合計 s と一致する。また，c0 と c1 の論理和が全加算器の桁上がり c となる。

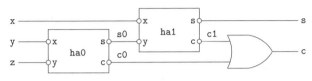

図 **1.8**　全加算器のモジュール fa の構造

　リスト **1.3** は全加算器のモジュール fa を定義している。3 行目と 4 行目で，入力ポート x，y，z と出力ポート s，c をそれぞれ宣言している。ここでは，wire x,y,z,s,c を省略しているが，これらの五つのポートは配線でもある。そして，5 行目で配線 s0，c0，c1 が宣言されている。

リスト **1.3**　全加算器の Verilog ソースコード fa.v

```
1   module fa(x,y,z,s,c); // 全加算器fa
2
3     input x,y,z; // 入力ポートx,y,z
4     output s,c; // 出力ポートs,c
5     wire s0,c0,c1; // 配線s0,c0,c1
6
7     ha ha0(.x(y),.y(z),.s(s0),.c(c0)); // ha0(y,z,s0,c0);
8     ha ha1(.x(x),.y(s0),.s(s),.c(c1)); // ha1(x,s0,s,c1);
9
10    assign c=c0|c1; // c0とc1の論理和
11
12  endmodule
```

　7 行目と 8 行目でモジュール ha をそれぞれインスタンス化している。インスタンス ha0 は，モジュール ha のポート x，y，s，c をそれぞれ配線 y，z，s0，c0 に接続している。また，インスタンス ha1 は，モジュール ha のポート x，y，s，c をそれぞれ配線 x，s0，s，c1 に接続しており，図 1.8 と合致している。

　10 行目の assign 文で c0 と c1 の論理和を OR ゲートで計算し配線 c に出力

している。

なお，7 行目と 8 行目のインスタンス化ではポート名を省略して，それぞれ ha0(y,z,s0,c0) と ha1(x,s0,s,c1) とすることができる。省略した場合，モジュール ha のポートリストの順で，インスタンス化の際の配線が接続される。今後は，なるべく省略し，省略するとわかりにくい場合には省略せずポート名を記述するようにする。

つぎに，テストベンチを作成し，Verilog ソースコードが正しいことを確認する。リスト 1.4 は全加算器 fa のシミュレーションのためのテストベンチである。モジュール名は fa_tb であり，全加算器のモジュール fa をインスタンス化して，6 行目で，その入力ポートを変数 x，y，z に接続し，出力ポートを配線 s，c に接続している。ここでは，モジュール fa のポート名（.x など）を省略した形でのインスタンス化を行っている。8 行目から 19 行目で変数 x，y，z の 8 通りすべての値を 100 単位時間ごとに設定している。

リスト 1.4　全加算器のテストベンチ fa_tb.v

```
 1  module fa_tb; // テストベンチfa_tb
 2
 3    reg x,y,z; // 変数x,y,zの宣言
 4    wire s,c;  // 配線s,cの宣言
 5
 6    fa fa0(x,y,z,s,c); // モジュールfaのインスタンス化
 7
 8    initial begin // x,y,zのすべての値の組み合わせ
 9      $dumpvars;
10      x=0; y=0; z=0; #100
11      x=0; y=0; z=1; #100
12      x=0; y=1; z=0; #100
13      x=0; y=1; z=1; #100
14      x=1; y=0; z=0; #100
15      x=1; y=0; z=1; #100
16      x=1; y=1; z=0; #100
17      x=1; y=1; z=1; #100
18      $finish;
19    end
20
21  endmodule
```

Icarus Verilog でシミュレーションを行うためのコンパイルは，つぎのように三つのモジュールを含んだファイル `fa_tb.v`，`fa.v`，`ha.v` を指定する。

`$ iverilog fa_tb.v fa.v ha.v`

これにより，コンパイル結果 `a.out` が得られる。半加算器の場合と同様に vvp と gtkwave を用いれば，タイミングチャートを表示することができる。図 **1.9** は，そのタイミングチャートであり，図 1.7 (c) の真理値表と一致していることが確認できる。

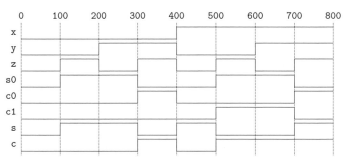

図 **1.9**　全加算器のテストベンチ（リスト 1.4）のタイミングチャート

全加算器のモジュールを複数個インスタンス化することにより加算回路を作成することができる。ここでは 4 ビットの加算回路を設計する。4 ビット加算回路は 4 ビットの入力 x，y と 5 ビットの出力 s をもつ。x，y，z を符号なし 2 進数とみなし，s=x+y を満たす。Verilog では，4 ビットの x と y の各ビットを明記し，それぞれ `x[3]`，`x[2]`，`x[1]`，`x[0]` と `y[3]`，`y[2]`，`y[1]`，`y[0]` と表す。同様に，5 ビットの s を `s[4]`，`s[3]`，`s[2]`，`s[1]`，`s[0]` と表す。

図 **1.10** (a) は 4 ビット加算回路の計算を表している。10 進数の場合の筆算による加算と同様に，下位桁から加算結果を求めていく。`c[2]`，`c[1]`，`c[0]` は桁上がりである。最初は最下位 `x[0]` と `y[0]` を加算し，合計が `s[0]`，桁上がりが `c[0]` となる。つぎに桁上がり `c[0]` とつぎの桁 `x[1]` と `y[1]` を加算し，合計が `s[1]`，桁上がりが `c[1]` となる。同様に繰り返すことにより，`s[2]` と `s[3]` を求めることができる。また，最上位桁の加算の桁上がりが `s[4]` となる。

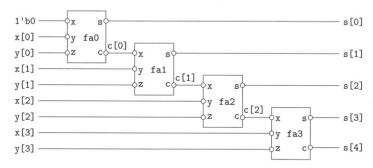

(a) 4 ビット加算回路の計算

(b) 4 ビット加算回路の構造

図 **1.10** 4 ビット加算回路の計算と構造

この加算の手順において，各桁の計算は全加算器 fa を用いて行うことができる。4 ビットなので，図 (b) に示したように全加算器を 4 個用いる。

リスト **1.5** は，その Verilog ソースコードである。1 行目で 4 ビット加算回路のモジュール adder4 は三つのポート x, y, s をもつことを宣言している。

3 行目で x と y は 4 ビットの入力ポートであることを宣言している。ここで，

リスト **1.5** 4 ビット加算回路の Verilog ソースコード adder4.v

```
1  module adder4(x,y,s); // 4ビット加算回路adder4
2
3    input [3:0] x,y; // 4ビットの入力ポートx,y
4    output [4:0] s; // 5ビットの出力ポートs
5    wire [2:0] c; // 3ビットの配線c
6
7    fa fa0(.x(1'b0),.y(x[0]),.z(y[0]),.s(s[0]),.c(c[0]));
8    fa fa1(.x(c[0]),.y(x[1]),.z(y[1]),.s(s[1]),.c(c[1]));
9    fa fa2(.x(c[1]),.y(x[2]),.z(y[2]),.s(s[2]),.c(c[2]));
10   fa fa3(.x(c[2]),.y(x[3]),.z(y[3]),.s(s[3]),.c(s[4]));
11
12 endmodule
```

[3:0] と書かれているので，x は符号なし 2 進数として扱われ，最上位ビットが x[3]，最下位ビットが x[0] となる。もし，[0:3] であれば，最上位ビットが x[0]，最下位ビットが x[3] となる。また，x[3]，x[2]，x[1]，x[0] はそれぞれ 1 ビットの入力ポートとして扱われる。y も同様である。さらに，wire [3:0] x,y が省略されており，x と y はそれぞれ配線でもある。

4 行目で s が 5 ビットの出力ポートであることを宣言している。x と同様に，s[4] が最上位ビット，s[0] が最下位ビットである。また，wire [4:0] s が省略されており，s は配線でもある。

5 行目で桁上がりに用いる 3 ビットの配線 c を宣言している。c[2]，c[1]，c[0] がそれぞれ 1 ビットの配線を表す。

7 行目から 10 行目で全加算器のインスタンス化が図 1.10 (b) のとおりに行われている。例えばインスタンス fa0 の入力ポート x, y, z には，1'b0, x[0], y[0] を接続しており，出力ポート s と c には s[0] と c[0] をそれぞれ接続している。fa0 の入力ポート x に接続される 1'b0 は 1 ビットの 0 を表しており，x にはつねに 0 が入力される。ここで，「'」はシングルクォートであることに注意する。キーボードでの入力方法は，図 1.4 を参照すること。また，1'b0 などの固定ビットの Verilog での記述法については後で詳しく説明する。

つぎに，この 4 ビット加算回路のテストベンチを作成し，シミュレーションにより正しいことを確認する。**リスト 1.6** はそのテストベンチである。3 行目で 4 ビットの変数 x, y を宣言し，4 行目で 5 ビットの配線 s を宣言している。6 行目で 4 ビット加算器のモジュール adder4 をインスタンス化し，このモジュールの入力ポート x と y はそのまま変数 x と y が接続し，出力ポート s は配線 s と接続する。8 行目から 21 行目で 100 単位時間ごとに x と y にさまざまな値を 10 進数で代入している。

図 1.11 は，シミュレーション結果である。このタイミングチャートでは，4 ビット x と y，および 5 ビット s の値を 10 進数で示している。また，x[3] などの各ビットの値も表示している。つねに s=x+y を満たしており，4 ビット加算器 adder4 が正しいことが確認できる。

リスト **1.6**　4 ビット加算回路のテストベンチ adder4_tb.v

```
 1  module adder4_tb; // テストベンチadder4_tb
 2
 3    reg [3:0] x,y; // 4ビットの変数x,y
 4    wire [4:0] s; // 5ビットの配線s
 5
 6    adder4 adder4_0(x,y,s); // adder4のインスタンス化
 7
 8    initial begin // xとyにさまざまな値を代入
 9      $dumpvars;
10      x = 0;   y = 3;   #100
11      x = 3;   y = 6;   #100
12      x = 4;   y = 8;   #100
13      x = 5;   y = 11;  #100
14      x = 7;   y = 14;  #100
15      x = 9;   y = 2;   #100
16      x = 12;  y = 8;   #100
17      x = 13;  y = 11;  #100
18      x = 15;  y = 14;  #100
19      x = 13;  y = 15;  #100
20      $finish;
21    end
22
23  endmodule
```

1.1.5　Verilog の定数表現

Verilog で固定ビット列（0 と 1 の列）は，2 進数，8 進数，10 進数，16 進数の**整数定数**の形で定義できる。例えば，リスト 1.5 では，1'b0 を用いたが，先頭の 1 がビット数で，b はそれにつづく 0 が 2 進数であることを指定している。よって，1'b0 は 1 ビットの 0 を表している。一般に，整数定数は

　　(ビット数)'(基数)(値)

の形式であり，三つの部分から構成される。ここで，「'」はシングルクォートである。

(ビット数) は 10 進数で固定ビット列が含むビットの個数を指定する。

(基数) はつづく (値) の基数を指定する。b と B が 2 進数（binary），o と O が 8 進数（octadecimal），d と D が 10 進数（decimal），h と H が 16 進数（hexadecimal）である。

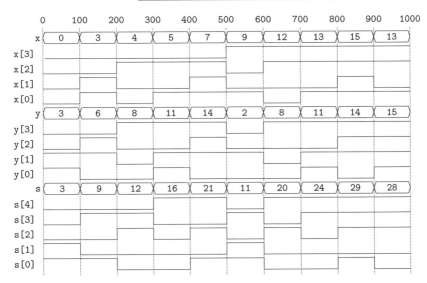

図 1.11 4 ビット加算回路のテストベンチ（リスト 1.6）のタイミングチャート

　(値) は (基数) で指定された進数で値を表現する。2 進数の場合は，0 と 1 の列である。8 進数の場合は，0 から 7 の数字の列である。10 進数の場合は，0 から 9 の数字の列である。16 進数の場合は，0 から 9 と a, b, c, d, e, f の列であり，a は 10 進数で 10 に，順に f は 15 に対応する。これらは，英大文字 A，B，C，D，E，F を使ってもよい。

　(ビット数) を省略した場合は，少なくとも 32 ビット以上となるように，(値) で決まるビット列の上位に 0 が追加される。また，ビット数と基数を省略した 0 から 9 の単なる数字の列は，10 進数であるとみなされ，少なくとも 32 ビットのビット列として扱われる。この 10 進数にマイナス符号 − を付けると負の数となり，2 の補数として固定ビット列に変換される。このビット数はシミュレータや論理合成ツールによって決められているが，Icarus Verilog では，ちょうど 32 ビットの固定ビット列として扱われる。

　表 1.1 は，整数定数とそれに対応する固定ビット列の例である。ビット数の指定がない場合は 32 ビットに拡張されるものとしている。

　リスト 1.6 のように，整数定数が変数に代入されるときに，変数のビット数

表 1.1 整数定数と対応する固定ビット列

整数定数	対応する固定ビット列
8'b01011010, 8'o132, 8'd90, 8'h5a	0101 1010
'b1011010, 'o132, 'd90, 'h5a, 90	0000 0000 0000 0000 0000 0000 0101 1010
-90	1111 1111 1111 1111 1111 1111 1010 0110

より整数定数のビット数が多い場合，整数定数上位ビットが削除され，変数の
ビット数分だけ最下位ビットから変数に代入される。例えば，リスト 1.6 にお
いて，x=3 が実行されるが，この場合，3 は 32 ビットの

    0000 0000 0000 0000 0000 0000 0000 0011

である。よって，x が 4 ビットなので，最下位ビットから 4 ビットの 0011 が
x に代入される。逆に，変数のビット数より整数定数のビット数が少ない場合，
整数定数の上位に足りない分だけ 0 が追加されて，変数への代入が行われる。

　モジュールのインスタンス化でポートとの接続においても同様の扱いである。
リスト 1.5 の 7 行目でのモジュール fa のインスタンス化において，.x(1'b0)
を単に.x(0) と書くこともできる。しかし，0 は 32 ビットであり，1 ビットの
ポート x にこの 32 ビットのビット列を接続しているため，ビット数が一致せ
ず Icarus Verilog は警告（warning）を表示する。これを避けるため，本書で
はインスタンス化の入力ポートに固定ビット列を接続する場合は，ビット数を
明記する。

1.1.6 Verilog の演算子

　Verilog の演算子（演算を表す記号）で重要なものを紹介する。表 1.2 は，
Verilog の主な演算子である。Verilog の演算子の記号は，基本的に C 言語と同
じ記号を用いている。ここでは，8 ビットの変数 x, y, z をそれぞれ 0000 1101,
0000 0011, 0000 0101（10 進数では，13, 3, 5）とし，これらを例に説明する。
　優先順位は，値が小さいほど優先され，複数の演算子が並んでいる場合，優
先順位の値の小さいほうが先に計算される。例えば，式 x+y*z では，優先順位
の小さい乗算 * が加算 + より先に計算され，計算結果は，0001 1100（10 進数で

表 1.2 Verilog の主な演算子

種　類	記号	演　　算	優先順位
算術演算	+	加算	4
	−	減算	4
	*	乗算	3
	/	除算	3
	%	剰余	3
	**	指数	2
	−	反転（マイナス符号)	1
ビットごとの演算	~	ビットごとの反転	1
	&	ビットごとの論理積	8
	|	ビットごとの論理和	10
	^	ビットごとの排他的論理和	9
リダクション演算	&	リダクション論理積	1
	|	リダクション論理和	1
	^	リダクション排他的論理和	1
関係演算	==	等しい	7
	!=	等しくない	7
	<	左辺が小さい	6
	<=	左辺が小さいか等しい	6
	>	左辺が大きい	6
	>=	左辺が大きいか等しい	6
論理演算	!	論理反転	1
	&&	論理積	11
	||	論理和	12
シフト演算	<<	ビット列を左側にシフト	5
	>>	ビット列を右側にシフト	5
条件演算	? :	条件の真偽で値が変わる	13
連　接	{ , }	ビット列の連結	14
繰り返し	{ { } }	ビット列の繰り返し	14

28) となる。C 言語の式と同じく，丸かっこを用いて演算の順位を指定することができる。例えば，式 (x+y)*z では，丸かっこ内の加算 + が先に計算され，計算結果は，0101 0000（10 進数で 80）となる。

　ビットごとの演算では，C 言語と同じく，各ビットごとに論理演算が行われる。例えば，x&y は，0000 0001 となる。

　リダクション演算は，C 言語にない演算で，ビット列の全ビットに対して論理演算を行い，1 ビットの結果となる。例えば，変数 x に対するリダクション論理積 &x は，x の全ビットの論理積，つまり，x[7]&x[6]&···&x[0] となり，

計算結果は 0 となる。

　関係演算は，C 言語と同じである。大小比較については，ビット列を符号な
し 2 進数とみなして，その真偽により結果は 1 ビットの 1（真のとき）または
0（偽のとき）となる。ただし，ビット列を符号付き（signed）として宣言し
た変数やネットの場合，2 の補数とみなして，真偽が決定される。

　論理演算は C 言語と同じで，全ビットが 0 のとき偽，さもなくば真とみなし
て論理演算を行う。演算結果は，1 ビットとなり，0 のとき偽，1 のとき真とな
る。例えば，x<y&&y<z は，x<y が偽で 0，y<z が真で 1 になり，その論理積で
ある偽，つまり 0 が計算結果となる。

　シフト演算は C 言語と同じである。x<<y は，x を左に 3 ビットシフトし，
0110 1000 となり，x>>y は，x を右に 3 ビットシフトし，0000 0001 となる。

　条件演算も C 言語と同じで，式 1?式 2:式 3 の形式であり，式 1 の計算結果
が真なら，式 2 を計算し，偽なら式 3 を計算する。その計算結果がこの条件演
算の結果となる。

　連接は C 言語にない演算で，複数のビット列を連接して一つのビット列とな
る。例えば，{x,y,z} は，0000 1101 0000 0011 0000 0101 となる。

　繰り返しでは，指定した回数だけビット列を複製し連接する。例えば，{3{x}}
は x を 3 回繰り返し，24 ビットの 0000 1101 0000 1101 0000 1101 となる。

　リスト 1.7 は，演算子の計算結果を確認するための Verilog ソースコードで
ある。変数 x，y，z を 8 ビットの変数として 3 行目で宣言している。6 行目で
これら三つの変数の値を設定している。7 行目でその値を $display を用いて，
2 進数と 10 進数で表示している。この $display は C 言語の printf と似て
おり，文字列や指定された変数や式の計算結果を画面に表示することができる。
2 進数として表示する場合は %b，10 進数の場合は %d で指定する。8 行目から
17 行目で，Verilog の演算子を用いたさまざまな計算の結果を表示している。
Icarus Verilog でこの計算結果を表示するには，まずリスト 1.7 の Verilog ソー
スコード operator.v を iverilog でコンパイルする。

リスト **1.7** Verilog の演算子の確認用 Verilog ソースコード `operator.v`

```
1  module operator;
2
3    reg [7:0] x,y,z; // 8ビットの変数x,y,z
4
5    initial begin
6      x=13; y=3; z=5; // x,y,zの値の設定
7      $display("x=%b(%d) y=%b(%d) z=%b(%d)",x,x,y,y,z,z);
8      $display("x+y*z=%d (x+y)*z=%d",x+y*z,(x+y)*z);
9      $display("~x=%b x&y=%b x|y=%b x^y=%b",~x,x&y,x|y,x^y);
10     $display("x>y=%b x==y=%b",x>y,x==y);
11     $display("&x=%b |x=%b ^x=%b",&x,|x,^x);
12     $display("x<y=%b !(x<y)=%b",x<y,!(x<y));
13     $display("x<y&&y<z=%b x<y||y<z=%b",x<y&&y<z,x<y||y<z);
14     $display("x<<y=%b x>>y=%b",x<<y,x>>y);
15     $display("x<y?x:y=%b(%d)",x<y?x:y,x<y?x:y);
16     $display("{x,y,z}=%b",{x,y,z});
17     $display("{3{x}}=%b",{3{x}});
18   end
19
20 endmodule
```

$ iverilog operator.v

コンパイル結果 a.out が得られるので，これを vvp を用いて実行する．

$ vvp a.out

すると，画面につぎの計算結果が表示される．

x=00001101(13) y=00000011(3) z=00000101(5)

x+y*z= 28 (x+y)*z= 80

~x=11110010 x&y=00000001 x|y=00001111 x^y=00001110

x>y=1 x==y=0

&x=0 |x=1 ^x=1

x<y=0 !(x<y)=1

x<y&&y<z=0 x<y||y<z=1

x<<y=01101000 x>>y=00000001

x<y?x:y=00000011(3)

{x,y,z}=00001101000001100000101

{3{x}}=00001101000110100001101

これらの計算結果より，正しく演算が行われていることが確認できる。

1.1.7　always　文

テストベンチで用いる initial 文が，シミュレーション開始時に一度だけ実行されるのに対して，**always 文**は繰り返し実行される。この always 文を用いて，組み合わせ回路を設計することができる。半加算器を例に説明する。リスト **1.8** は always 文を用いた半加算器の Verilog ソースコードである。リスト 1.1 の assign 文を用いた場合，出力ポート s と c に接続する配線 s と c を wire 文を用いて宣言した。always 文を用いる場合は，変数として s と c を reg 文を用いて宣言する（5 行目）。7 行目の always 文で変数 s の値を決定している。@(x,y) の丸かっこの中は**センシティビティリスト**と呼ばれ，x と y のいずれかの値が変化したときに，直後の文，つまり変数 s への代入文が実行される。8 行目の always 文も同様に，x と y のいずれかの値が変化したときに，変数 c への代入文が実行される。x と y のいずれかの値が変化するたびに，この二つの代入文が実行され，s と c の値が更新されるので，論理的に正しく半加算器が設計できている。リスト 1.2 の半加算器のためのテストベンチを用いて，リスト 1.8 の Verilog ソースコード **ha.v** が正しいことをリスト 1.1 の半加算器と同様に確認することができる。

リスト **1.8**　always 文を用いた半加算器の Verilog ソースコード **ha.v**

```
 1  module ha(x,y,s,c);
 2
 3    input x,y; // 1ビットの入力ポートx,y
 4    output s,c; // 1ビットの出力ポートs,c
 5    reg s,c; // 1ビットの変数s,c
 6
 7    always @(x,y)  s=x^y; // x,yが変化したとき実行
 8    always @(x,y)  c=x&y; // x,yが変化したとき実行
 9
10  endmodule
```

　もう少し複雑な例として，図 **1.12** の組み合わせ回路を always 文を用いて設計する。この組み合わせ回路を always 文を用いて記述したのが**リスト 1.9** である。5 行目で五つの変数 u，v，w，s，c を宣言している。7 行目から 11 行目の五つの always 文が図 1.12 の組み合わせ回路の各ゲートに対応している。例えば，7 行目は AND ゲートに対応し，その入力 x と y のいずれかの値が変化するたびに，つづく代入文が実行される。ここで，always 文につづく代入文の左辺は reg 文で宣言される変数でなければならないことに注意する。図 1.12 の組み合わせ回路がリスト 1.9 で記述できていることがわかる。

　リスト 1.9 の組み合わせ回路は全加算器とポートが同じなので，リスト 1.4 のテストベンチを用いてシミュレーションを行うことができる。

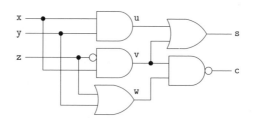

図 1.12　組み合わせ回路の例

リスト 1.9　always 文を用いた図 1.12 の組み合わせ回路の Verilog ソースコード **f.v**

```
1   module f(x,y,z,s,c);
2
3     input x,y,z; // 入力ポートx,y,z
4     output s,c; // 出力ポートs,c
5     reg u,v,w,s,c; // 変数u,v,w,s,c
6
7     always @(x,y) u=x&y; // x,yが変化したとき実行
8     always @(x,z) v=x&~z; // x,zが変化したとき実行
9     always @(y,z) w=y|z; // y,zが変化したとき実行
10    always @(u,v) s=u|v; // u,vが変化したとき実行
11    always @(v,w) c=~(v&w); // v,wが変化したとき実行
12
13  endmodule
```

リスト 1.4 の 6 行目の全加算器のモジュール fa のインスタンス化を組み合わせ回路 f に変更すればよい。図 **1.13** はそのタイミングチャートである。x, y, z の 8 通りの値の組み合わせについて，五つの変数 u, v, w, s, c が正しい値になっていることが確認できる。

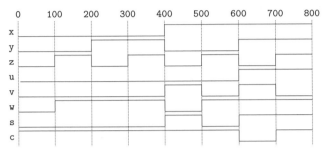

図 **1.13**　組み合わせ回路 f のタイミングチャート

assign 文や always 文を用いて組み合わせ回路を設計する際には，つぎの点に注意する必要がある。assign 文を用いて組み合わせ回路を設計する場合，左辺は wire 文で宣言された配線でなければならない。また，always 文を用いる場合，左辺は reg 文で宣言された変数でなければならない。逆にすると，シミュレーションや論理合成ツールを用いるときにエラーとなる。

1.1.8　ビット数可変の組み合わせ回路

リスト 1.5 の Verilog ソースコードは，四つの全加算器をインスタンス化することにより 4 ビット加算器を実現している。ビット数が異なるたびに，この Verilog ソースコードを書き換えるのは不便である。そこで，ビット数をパラメータ N として，この N の値を変更することにより，任意のビット数の加算器を一つの同じ Verilog ソースコードで記述する方法について述べる。

リスト **1.10** は N ビットの加算回路の Verilog ソースコードである。入力は N ビットの x と y であり，出力は $N+1$ ビットの s である。内部に $N-2$ ビットの配線 c をもち，桁上がりに用いる。これはリスト 1.5 の 4 ビット固定の加算回路の Verilog ソースコードを N ビットに拡張したものになっている。

リスト **1.10** ビット数可変の加算回路Verilogソースコード**adder.v**(全加算器を用いる方法)

```
1   module adder(x,y,s);
2     parameter N=8; // 既定値8のパラメータNの宣言
3
4     input [N-1:0] x,y;  // Nビットの入力ポートx,y
5     output [N:0] s;  // N+1ビットの出力ポートs
6     wire [N-2:0] c; // N-1ビットの配線c
7
8     fa fa0(.x(1'b0),.y(x[0]),.z(y[0]),.s(s[0]),.c(c[0]));
9
10    genvar i;
11    for(i=1;i<=N-2;i=i+1)
12      fa fa1(.x(c[i-1]),.y(x[i]),.z(y[i]),.s(s[i]),.c(c[i]));
13
14    fa fa2(.x(c[N-2]),.y(x[N-1]),.z(y[N-1]),.s(s[N-1]),.c(s[N]));
15
16  endmodule
```

2行目の **parameter** 文では，N を既定値8のパラメータであることを宣言している。このパラメータ N の値は，このモジュール **adder** をインスタンス化するときに指定し，変更することができる。インスタンス化のときにに指定しなければ，N の値は8としてインスタンス化される。

4行目で N ビットの入力ポート x, y, 5行目で $N + 1$ ビットの出力ポート s, 6行目で $N - 1$ ビットの配線 c を宣言している。

8行目で，入力が **1'b0**, **x[0]**, **y[0]** で，出力が **s[0]**, **c[0]** である最初の加算器をインスタンス化している。

14行目で，入力が **c[N-2]**, **x[N-1]**, **y[N-1]** で，出力が **s[N-1]**, **s[N]** である最後の加算器をインスタンス化している。

10行目から12行目で，残りの $N - 2$ 個の加算器をインスタンス化している。個数が固定でないので，変数 i のループを用いている。10行目でこのループ変数 i を **genvar** 文で宣言し，11行目の for 文でこの i を 1 から $N - 2$ までの $N - 2$ 通りの値で繰り返している。各繰り返しで，入力が **c[i-1]**, **x[i]**, **y[i]** で，出力が **s[i]**, **c[i]** の加算器をインスタンス化している。

N が 4 の場合にインスタンス化される 4 個の加算器は，リスト 1.5 の 4 ビッ

ト加算回路でインスタンス化される 4 個の加算器と一致する。よって，*N* が 4 の場合はリスト 1.10 は正しい。

　4 ビット加算回路のテストベンチであるリスト 1.6 を用いて，リスト 1.10 の *N* ビット加算回路が *N* が 4 の場合に正しいことを確認する。このためには，テストベンチのリスト 1.6 の 6 行目を変更すればよい。この行ではモジュール adder4 をインスタンス化しているが，これをモジュール adder に変更する。具体的には，つぎのように書き換えればよい。

```
adder #(4) adder0(x,y,s);
```

ここで，#(4) はモジュール adder のパラメータ *N* を 4 にすることを指定している。このようにパラメータのあるモジュールをインスタンス化する場合は，丸かっこ内にパラメータに設定したい値を書く。これを省略した場合は，パラメータの値は既定値，つまり，リスト 1.10 の場合は 8 となる。

　加算 + を用いると，*N* ビット加算回路はもっと簡単に書くことができる。リスト 1.11 は，assign 文を用いて，s に x+y を代入しており，これだけで *N* ビット加算回路のモジュールを記述することができる。この加算を用いた Verilog ソースコードを論理合成ツールを用いて実際の回路を生成すると，その論理合成ツールがライブラリとしてもっている加算回路が出力される。一方，*N* 個の全加算器をインスタンス化している加算回路のリスト 1.10 は，加算回路の構造を詳細に記述していることになり，その構造に基づいた回路が論理合成ツール

リスト **1.11**　ビット数可変の加算回路 Verilog ソースコード **adder.v**（加算+を用いる方法）

```
1  module adder(x,y,s);
2    parameter N=8; // 既定値8のパラメータNの宣言
3
4    input [N-1:0] x,y; // Nビットの入力ポートx,y
5    output [N:0] s; // N+1ビットの出力ポートs
6
7    assign s=x+y;
8
9  endmodule
```

により出力される。よって，加算回路の構造を論理合成ツールに任せたい場合，リスト 1.11 を用い，回路設計者が構造を決めたい場合はリスト 1.10 のように詳細な構造を記述する。

1.1.7 項で always 文を用いて組み合わせ回路を設計したが，同様にリスト 1.11 を always 文を用いたものに変更できる。**リスト 1.12** がその Verilog ソースコードである。6 行目で $N+1$ ビットの変数 s を宣言している。8 行目の always 文では，x または y の値が変化するたびに，つづく代入文 s=x+y が実行される。よって，リスト 1.11 の assign 文を用いた組み合わせ回路と等価な回路である。

リスト **1.12** ビット数可変の加算回路Verilogソースコードadder.v(always 文を用いる方法)

```
1  module adder(x,y,s);
2    parameter N=8; // 既定値8のパラメータNの宣言
3
4    input [N-1:0] x,y; // Nビットの入力ポートx,y
5    output [N:0] s; // N+1ビットの出力ポートs
6    reg [N:0] s; // N+1ビットの変数s
7
8    always @(x,y) s=x+y;
9
10 endmodule
```

1.2　セレクタ回路とその応用

C 言語プログラムで最も多く使われる重要な構文である if 文は，条件式の真偽によって実行される文が変わる。**セレクタ回路**は複数の入力から一つを選択する回路であり，C 言語プログラムの if 文に相当し，最も頻繁に用いられる組み合わせ回路である。本章では，2 入力セレクタ回路を用いた多入力のセレクタ回路を設計するが，その設計法の正しさなどの詳細は，文献 1) の 2.3 節 セレクタ回路 を参照されたい。

1.2.1 セレクタ回路

セレクタ回路を Verilog で設計する。2 入力セレクタ回路は，それぞれ 1 ビットの入力ポート a[0] と a[1]，および選択のための 1 ビットの入力ポート s をもつ。さらに，1 ビットの出力ポート x をもち，s が 0 のときは a[0]，s が 1 のときは a[1] を出力する。図 1.14 (a) は 2 入力セレクタ回路を表している。

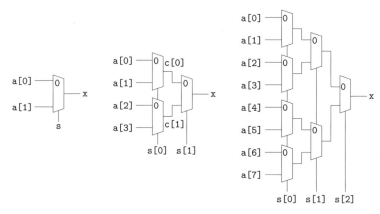

（a） 2入力セレクタ回路   （b） 4入力セレクタ回路   （c） 8入力セレクタ回路

図 1.14 セレクタ回路

2 入力セレクタ回路を Verilog で設計する。リスト 1.13 は always 文を用いて設計した 2 入力セレクタ回路である。4 行目で a が [0:1] として宣言されているので，a を 2 ビットのビット列とみなしたとき，上位ビットが a[0]，下位ビットが a[1] となる。8 行目の always 文で，s または a の値が変化するたびに，つづく代入文が実行される。代入文の右辺は s，a[0]，a[1] の論理式となっており，その値は s が 0 のとき a[0]，s が 1 のとき a[1] となる。この always 文は，条件演算を使って，つぎのとおり書くこともできる。

```
always @(s,a) x=(s?a[1]:a[0]);
```

右辺の値は，条件 s が真 (1) のとき a[1]，偽 (0) のとき a[0] となる。また，if 文を用いると，つぎのようになる。

リスト **1.13** 2 入力セレクタ回路の Verilog ソースコード `selector2.v`

```
1  module selector2(s,a,x);
2
3    input  s; // 1ビットの入力ポートs
4    input [0:1] a; // 2ビットの入力ポートa
5    output x; // 1ビットの出力ポートx
6    reg x; // 1ビットの変数x
7
8    always @(s,a) x=(a[0]&~s)|(a[1]&s);
9
10 endmodule
```

    always @(s,a) if(s) x=a[1]; else x=a[0];

s が真（1）のとき，x=a[1] が実行され，偽（0）のとき，x=a[0] が実行される。また，つぎのように書くこともできる。

    always @(s,a) x=a[s];

x に代入されるのは，s が 0 のとき a[0]，s が 1 のとき a[1] であり，2 入力セレクタとして正しい。

　つぎにテストベンチを作成し，リスト 1.13 の 2 入力セレクタ回路が正しいことを確認する。**リスト 1.14** はその Verilog ソースコードである。7 行目で 2 入力セレクタ回路のモジュール selector2 をインスタンス化している。9 行目からの initial 文で s と a に全 8 通りの値を設定している。ここでは a をビット列として扱っており，4 行目の a の宣言の [0:1] より，上位ビットが a[0]，下位ビットが a[1] となる。よって，例えば 12 行目の a=2'b01 を実行すると，a[0] が 0，a[1] が 1 になる。

　図 1.15 は，2 入力セレクタのテストベンチ（リスト 1.14）を実行した結果得られるタイミングチャートである。時刻 400 までの s が 0 のときは，x に a[0] が出力され，それ以降の 1 のときは a[1] が出力されている。

　つぎに，4 入力セレクタ回路を設計する。4 入力セレクタ回路の入力は a[0]，a[1]，a[2]，a[3] の 4 ビットで，選択入力が s[0] と s[1] の 2 ビットである。s を整数とみなして，a[s] が x に出力される。図 1.14（b）のように 2 入力セ

リスト **1.14** 2 入力セレクタ回路のテストベンチ `selector2_tb.v`

```
1   module selector2_tb;
2
3     reg s; // 1ビットの変数s
4     reg [0:1] a; // 2ビットの変数a
5     wire x; // 1ビットの配線x
6
7     selector2 selector2_0(s,a,x);
8
9     initial begin // 全8通りの値を変数sとaに設定
10      $dumpvars;
11      s=0; a=2'b00; #100
12      s=0; a=2'b01; #100
13      s=0; a=2'b10; #100
14      s=0; a=2'b11; #100
15      s=1; a=2'b00; #100
16      s=1; a=2'b01; #100
17      s=1; a=2'b10; #100
18      s=1; a=2'b11; #100
19      $finish;
20    end
21
22  endmodule
```

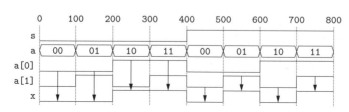

図 **1.15** 2 入力セレクタ回路のテストベンチ（リスト 1.14）のタイミングチャート

レクタ回路を 3 個用いて 4 入力セレクタ回路を設計する。**リスト 1.15** がその
Verilog ソースコードである。8 行目から 10 行目で，モジュール `selector2` が
3 回インスタンス化されており，それぞれが図 1.14 (b) の 3 個の 2 入力セレク
タに対応する。例えば，9 行目のインスタンス化では，モジュール `selector2`
の選択入力 s には s[0] が接続する。また，a[2:3] が入力ポート a に接続し
ている。よって，入力ポートの上位ビット a[0] と a[2] が接続し，下位ビット
a[1] と a[3] が接続する。そして，出力ポート x には，配線 c[1] が接続する。

リスト **1.15**　4 入力セレクタ回路の Verilog ソースコード `selector4.v`

```
 1  module selector4(s,a,x);
 2
 3    input [1:0] s; // 2ビットの入力ポートs
 4    input [0:3] a; // 4ビットの入力ポートa
 5    output x; // 1ビットの出力ポートx
 6    wire [0:1] c; // 2ビットの配線c
 7
 8    selector2 selector2_0(.s(s[0]),.a(a[0:1]),.x(c[0]));
 9    selector2 selector2_1(.s(s[0]),.a(a[2:3]),.x(c[1]));
10    selector2 selector2_2(.s(s[1]),.a(c),.x(x));
11
12  endmodule
```

　8 入力セレクタ回路は，図 1.14 (c) のように，7 個の 2 入力セレクタ回路をインスタンス化し接続することにより，設計することができる。リスト 1.15 の 4 入力セレクタ回路を変更すれば，この構造による 8 入力セレクタ回路を Verilog で記述することができるが，これは演習問題とする。

　一般のセレクタ回路は **case** 文を使えば簡単に記述できる。ここでは，6 入力セレクタ回路を設計する。入力は a[0]，a[1]，...，a[5] とする。6 個から一つ選ぶので，選択入力は 3 ビットの s とする。一般に N 入力であれば，$2^{M-1} < N \leq 2^M$ を満たす整数 M を選択入力のビット数とすればよい。リスト **1.16** は 6 入力セレクタ回路の Verilog ソースコードである。

　3 行目で 3 ビットの入力ポート s，4 行目で 6 ビットの入力ポート a，5 行目で 1 ビットの出力ポート x を宣言している。この x の値は 8 行目の always 文で定義するので，6 行目で x を変数として宣言している。

　8 行目の always 文により，s と a のいずれかの値が変わるたびにつぎの case 文が実行される。case 文は C 言語の switch 文に似ており s の値により実行される文が変わる。例えば，s の値が 3'b010 の場合，12 行目の x=a[2] が実行され，x の値が a[2] となる。

　16 行目の **default** 文は，s の値に該当するものがない場合に実行される。この場合，3'b110 と 3'b111 の二つの値である。このとき，x に 1'bX が代入さ

リスト **1.16**   6 入力セレクタ回路の Verilog ソースコード selector6.v

```
1  module selector6(s,a,x);
2
3    input [2:0] s; // 3ビットの入力ポートs
4    input [0:5] a; // 6ビットの入力ポートa
5    output x; // 1ビットの出力ポートx
6    reg x; // 1ビットの変数x
7
8    always @(s,a) // sとaが変化したときに実行
9      case(s)
10       3'b000: x=a[0];
11       3'b001: x=a[1];
12       3'b010: x=a[2];
13       3'b011: x=a[3];
14       3'b100: x=a[4];
15       3'b101: x=a[5];
16       default: x=1'bX; // sが範囲外のときは不定値
17     endcase
18
19 endmodule
```

れる。ここで，1'bX の X は**不定値**を表しており，論理設計における**ドントケ
ア**に相当する。つまり，s の値が 3'b110 または 3'b111 の場合，X の値は 0 と
1 のどちらでもよく，どちらにするかは論理合成ツールが都合のよいように決
めて構わないということを意味する。このように case 文を使ってセレクタ回路
を設計する場合，この default 文は省略できないことに注意する。もしこの 16
行目の default 文を省略すると，s が 3'b110 と 3'b111 の場合，x への値の代
入は行われず，値が変化しない。すると，論理合成ツールは，s が 3'b110 と
3'b111 の場合，x の値を保持しなければならないと解釈し，値を記憶する回
路を生成してしまう。例えば，s の値が 3'b101 から 3'b110 に変化したとき，
出力 x の値は a[5] となってしまう。8 入力セレクタ回路であって，3'b110 と
3'b111 の場合を含め s のすべての値に対して x への代入が case 文で定義され
ているような場合でも，default 文は省略せず，書いておくことが推奨される。
　6 入力セレクタ回路が正しいことを確認するためにテストベンチを作成する。
リスト **1.17** がそのテストベンチである。9 行目の initial 文以下で，a の値を

リスト **1.17** 6 入力セレクタ回路のテストベンチ `selector6_tb.v`

```
1   module selector6_tb;
2
3     reg [2:0] s; // 3ビットの変数s
4     reg [0:5] a; // 6ビットの変数a
5     wire x; // 1ビットの配線x
6
7     selector6 selector6_0(s,a,x);
8
9     initial begin
10      $dumpvars;
11      a=6'b011010; s=3'b000; #100 // aの値を固定
12      s=3'b001; #100 // sの値を変える
13      s=3'b010; #100
14      s=3'b011; #100
15      s=3'b100; #100
16      s=3'b101; #100
17      s=3'b110; #100
18      s=3'b111; #100
19      $finish;
20    end
21
22  endmodule
```

固定し，3 ビット s に全 8 通りの値を代入している。

図 1.16 は，リスト 1.17 のテストベンチを実行して得られるタイミングチャートである。s が 3'b000 から 3'b101 まで a の対応するビットが正しく x から出力されている。そして，3'b110 と 3'b111 の場合，不定値 X が出力されている。もし，リスト 1.16 の default 文が省略された場合，3'b110 のとき，x はその直前の値 0 になってしまう。

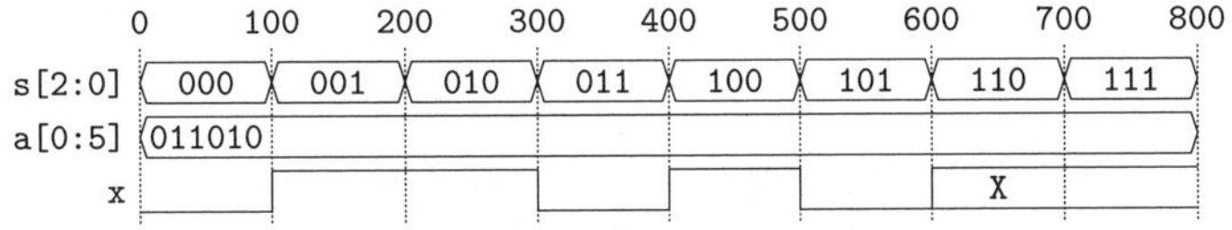

図 **1.16** 6 入力セレクタ回路のテストベンチ（リスト 1.17）のタイミングチャート

1.2.2 7 セグメントデコーダ回路

セレクタ回路の応用として，**7 セグメントデコーダ回路**を設計する。**7 セグ
メントディスプレイ**は，0 から 9 の数字の表示装置であり，7 個の発光 LED で
構成される（**図 1.17**）。7 個の LED は 0~6 の番号が付いていて，それぞれに
対応する 7 個の入力ポート x[0]~x[6] がある。例えば，入力ポート x[0] が 1
のとき，0 番の LED が点灯し，0 のとき消灯する。この 7 セグメントディスプ
レイを制御するのが 7 セグメントデコーダ回路である。7 セグメントデコーダ
回路は，4 ビットの入力ポート s と 7 ビットの出力ポート x をもつ。出力ポー
ト x はそのまま 7 セグメントディスプレイの入力ポート x に接続される。そ
して，s に入力される値に対応する 0 から 9 の数字を 7 セグメントディスプレ
イが表示するように，出力ポート x から 7 ビットの値が出力される。例えば，
s=4'b0111 のときは，数字の 7 を表示するので，出力 x[0]，x[1]，x[2] が 1
となり，それ以外は 0 となる。つまり，x=7'b1110000 となる。s の値が 9 を
超えることはなく，もし超えた場合は，x の各ビットは 0 でも 1 でもよい。**表
1.3** は，以上を踏まえて作成した真理値表である。s がこの真理値表にない値
をとる場合は，出力 x はどのような値でも構わない。

この 7 セグメントデコーダ回路を case 文を使って設計する。**リスト 1.18** は
その Verilog ソースコードである。7 行目の always 文で s の値が変化するたび

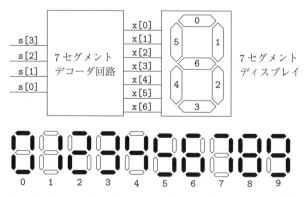

図 1.17 7 セグメントディスプレイと 7 セグメントデコーダ回路

表 1.3 7セグメントデコーダ回路の真理値表

入 力				出 力							数字
s[3]	s[2]	s[1]	s[0]	x[0]	x[1]	x[2]	x[3]	x[4]	x[5]	x[6]	
0	0	0	0	1	1	1	1	1	1	0	0
0	0	0	1	0	1	1	0	0	0	0	1
0	0	1	0	1	1	0	1	1	0	1	2
0	0	1	1	1	1	1	1	0	0	1	3
0	1	0	0	0	1	1	0	0	1	1	4
0	1	0	1	1	0	1	1	0	1	1	5
0	1	1	0	1	0	1	1	1	1	1	6
0	1	1	1	1	1	1	0	0	0	0	7
1	0	0	0	1	1	1	1	1	1	1	8
1	0	0	1	1	1	1	1	0	1	1	9

リスト **1.18** 7セグメントデコーダ回路の Verilog ソースコード seg7.v

```
1  module seg7(s,x);
2
3    input [3:0] s; // 4ビットの入力ポートs
4    output [0:6] x; // 7ビットの出力ポートx
5    reg [0:6] x; // 7ビットの変数x
6
7    always @(s) // sが変化したときに実行
8      case(s)  // sの値によってxに代入される値が変わる
9        4'b0000: x=7'b1111110;
10       4'b0001: x=7'b0110000;
11       4'b0010: x=7'b1101101;
12       4'b0011: x=7'b1111001;
13       4'b0100: x=7'b0110011;
14       4'b0101: x=7'b1011011;
15       4'b0110: x=7'b1011111;
16       4'b0111: x=7'b1110000;
17       4'b1000: x=7'b1111111;
18       4'b1001: x=7'b1111011;
19       default: x=7'bXXXXXXX; // sが範囲外のときは不定値
20     endcase
21
22 endmodule
```

に，つづく case 文が実行される。s の値が 4'b0000 から 4'b1001 の場合，表 1.3 の真理値表に従って，変数 x に 7 ビットの値が書き込まれる。s の値が真理値表の範囲外の場合，x には 7 ビットの不定値 7'bXXXXXXX が書き込まれる。

これは，範囲外の場合，どんな値でもよいことを意味し，論理合成ツールはこれをドントケアとみなして，組み合わせ回路を最適化する。

1.2.3 算術論理演算回路

セレクタ回路を応用して，**算術論理演算回路**（arithmetic logic unit, **ALU**）を設計する。ここで設計する算術論理演算回路は，後で設計する TinyCPU の構成部品となる。算術論理演算回路の入力ポートは，16 ビットの a と b，および 5 ビットの f であり，出力ポートは 16 ビットの s である。f は選択入力であり，演算の種類を指定する。この指定された演算を a と b に対して行い，その計算結果が s に出力される。**表 1.4** は，算術論理演算回路の仕様で，f の 5 ビットの値によって，どのような演算結果が s に出力されるかを表している。f の最上位ビットが 0 のときは二項演算であり，1 のときは単項演算となる。単項演算は a に対して行われ，二項演算は b が演算子の左，a が右として行われる。

表 1.4 算術論理演算回路（ALU）の仕様

演算名	選択 f	出力 s	演　算
		二　項　演　算	
ADD	00000	b + a	b と a の和
SUB	00001	b - a	b から a を減算
MUL	00010	b * a	b と a の積
SHL	00011	b << a	b を a ビット分左にシフト
SHR	00100	b >> a	b を a ビット分右にシフト
BAND	00101	b & a	b と a のビットごとの論理積
BOR	00110	b | a	b と a のビットごとの論理和
BXOR	00111	b ^ a	b と a のビットごとの排他的論理和
AND	01000	b && a	b と a の論理積
OR	01001	b || a	b と a の論理和
EQ	01010	b == a	b と a は等しい
NE	01011	b != a	b と a は異なる
GE	01100	b >= a	b は a 以上
LE	01101	b <= a	b は a 以下
GT	01110	b > a	b は a より大きい
LT	01111	b < a	b は a より小さい
		単　項　演　算	
NEG	10000	-a	2 の補数 a の符号反転
BNOT	10001	~a	a のビットごとの論理否定
NOT	10010	!a	a の論理否定

6入力セレクタ回路（リスト 1.16）や7セグメントデコーダ回路（リスト 1.18）では，case 文を用いて複数の入力から一つを選ぶ回路を設計した。算術論理演算回路も同様に case 文を用いて設計する。まず，その準備として，ADD などの演算名とそれを指定するときの f の値の対応を定義する。**リスト 1.19** では **define** 文を使ってその対応を定義している。ここで，`define の先頭の「｀」はバッククォートであることに注意する。この define 文は C 言語の define 文と同じで，文字列を置換するだけである。例えば，1 行目は，これ以降のソースコード中に現れる `ADD を 5'b00000 に置換することを意味する。これらの define 文を用いた定義は，Verilog ソースコードを読みやすくするためのものである。リスト 1.19 は define 文しかないので，置換は起きないが，他の Verilog ソースコードの先頭で alu_d.v は読み込まれて，その Verilog ソースコード内で置換が行われることを想定している。

　リスト **1.20** は算術論理演算回路のモジュール本体である。1 行目の **include** 文で Verilog ソースコード alu_d.v（リスト 1.19）を読み込んでいる。ここで，

リスト **1.19**　算術論理演算の定義 alu_d.v

```
 1  `define  ADD   5'b00000
 2  `define  SUB   5'b00001
 3  `define  MUL   5'b00010
 4  `define  SHL   5'b00011
 5  `define  SHR   5'b00100
 6  `define  BAND  5'b00101
 7  `define  BOR   5'b00110
 8  `define  BXOR  5'b00111
 9  `define  AND   5'b01000
10  `define  OR    5'b01001
11  `define  EQ    5'b01010
12  `define  NE    5'b01011
13  `define  GE    5'b01100
14  `define  LE    5'b01101
15  `define  GT    5'b01110
16  `define  LT    5'b01111
17  `define  NEG   5'b10000
18  `define  BNOT  5'b10001
19  `define  NOT   5'b10010
```

リスト **1.20**　算術論理演算回路の Verilog ソースコード alu.v

```
1   `include "alu_d.v"
2   module alu(a,b,f,s);
3
4     input signed [15:0] a,b; // 16ビットの入力ポートa,b
5     input [4:0] f; // 5ビットの入力ポートf
6     output signed [15:0] s; // 16ビットの出力ポートs
7     reg signed [15:0] s; // 16ビットの変数s
8
9     always @(a,b,f) // a,b,fが変化したときに実行
10     case(f) // fの値で演算が決定
11       `ADD : s = b + a;
12       `SUB : s = b - a;
13       `MUL : s = b * a;
14       `SHL : s = b << a;
15       `SHR : s = b >> a;
16       `BAND: s = b & a;
17       `BOR : s = b | a;
18       `BXOR: s = b ^ a;
19       `AND : s = b && a;
20       `OR  : s = b || a;
21       `EQ  : s = b == a;
22       `NE  : s = b != a;
23       `GE  : s = b >= a;
24       `LE  : s = b <= a;
25       `GT  : s = b > a;
26       `LT  : s = b < a;
27       `NEG : s = -a;
28       `BNOT: s = ~a;
29       `NOT : s = !a;
30       default : s = 16'hXXXX; // fが範囲外のときは不定値
31     endcase
32
33  endmodule
```

`include の先頭の「`」はバッククォートであることに注意する。これにより，11 行目から 29 行目にある `ADD などが 5'b00000 に置き換えられる。この `ADD の先頭の「`」もバッククォートである。また，include 文を用いず，ファイル alu_d.v の中身をファイル alu.v の先頭に記述することもできる。このファイル alu_d.v の内容は，今後設計する他のソースコードでも利用するので，便利のためこのように別ファイルにしている。

4行目で，16ビットの入力ポートaとbを宣言している。ここでsignedが付いているが，これはaとbを整数として扱う場合は，16ビットは2の補数とみなすことを意味している。例えば，16ビットのビット列1111 1111 1111 1111は，符号なし整数としては65535であるが，2の補数とみなされると−1となる。算術演算や大小比較では，符号なし整数とみなす場合と2の補数の場合で結果が変わることがあるので注意が必要である。また，5行目で演算を選択するための5ビットの入力ポートfを宣言している。

6行目で，16ビットの出力ポートsを宣言しているが，これもsignedが付いているので，整数として扱う場合は，16ビットは2の補数とみなされる。これに合わせて，7行目の16ビットの変数sもsignedを付けて宣言している。

9行目のalways文につづくcase文でsの値を決定している。sの値は，a，b，fに依存して変わるので，always文のセンシティビティリストは，これら三つとなる。

10行目のcase文により，fの値に依存して，いずれかの代入文が実行される。fの値が5'b00000〜5'b10010の範囲内の場合はfが指定する演算を含んだ代入文が実行される。範囲外の場合は，30行目のdefault文の代入文が実行され，sに16'hXXXX，つまり不定値が代入される。よって，このVerilogソースコードを論理合成ツールが回路化する場合，範囲外の場合のsの値を回路最適化に都合がよいように決めることができる。

算術論理演算回路のテストベンチを作成し，シミュレーションにより正しいことを確認する。リスト**1.21**はそのテストベンチである。`ADDなどをテストベンチ内で使うために，1行目でリスト1.19のファイルalu_d.vを読み込んでいる。4行目から6行目で，変数a，b，f，および配線sを算術論理演算回路のモジュールaluに合わせて定義し，8行目でこのモジュールをインスタンス化している。10行目からのinitial文で，a，b，fに値を設定している。ここでは，aを5，bを−10に固定し，fに全19通りの演算を100単位時間ごとに設定している。

図**1.18**は，算術論理演算回路のテストベンチによるシミュレーション結果

リスト **1.21**　算術論理演算回路のテストベンチ alu_tb.v

```
 1  `include "alu_d.v"
 2  module alu_tb;
 3
 4    reg signed [15:0] a,b; // 16ビットの変数a,b
 5    reg [4:0] f; // 5ビットの変数f
 6    wire signed [15:0] s; // 16ビットの配線s
 7
 8    alu alu0(a,b,f,s); // aluのインスタンス化
 9
10    initial begin
11      $dumpvars;
12      a=5; b=-10; // aとbの値を固定
13      f=`ADD;  #100; // fの値を変える
14      f=`SUB;  #100;
15      f=`MUL;  #100;
16      f=`SHL;  #100;
17      f=`SHR;  #100;
18      f=`BAND; #100;
19      f=`BOR;  #100;
20      f=`BXOR; #100;
21      f=`AND;  #100;
22      f=`OR;   #100;
23      f=`EQ;   #100;
24      f=`NE;   #100;
25      f=`GE;   #100;
26      f=`LE;   #100;
27      f=`GT;   #100;
28      f=`LT;   #100;
29      f=`NEG;  #100;
30      f=`BNOT; #100;
31      f=`NOT;  #100;
32      $finish;
33    end
34
35  endmodule
```

である。入力 a と b は，2 進数，16 進数，10 進数で表示しており，入力 f は 2
進数とわかりやすいように演算名を表示している。出力 s は，16 進数と 10 進
数で表示している。各演算についてつぎのように正しく出力が得られている。

　算術論理演算は，ADD, SUB, MUL の演算結果 -10+5=-5, -10-5=-15, -10*5=-50

```
        0      100    200    300    400    500    600    700    800    900   1000
      ┌──────────────────────────────────────────────────────────────────────────┐
   a  │  0000 0000 0000 0101,  0005,  5                                           │
      ├──────────────────────────────────────────────────────────────────────────┤
   b  │  1111 1111 1111 0110,  FFF6,  -10                                         │
      ├─────┬──────┬──────┬──────┬──────┬──────┬──────┬──────┬──────┬─────────────┤
   f  │00000│00001 │00010 │00011 │00100 │00101 │00110 │00111 │01000 │01001        │
      ├─────┼──────┼──────┼──────┼──────┼──────┼──────┼──────┼──────┼─────────────┤
   f  │ ADD │ SUB  │ MUL  │ SHL  │ SHR  │ BAND │ BOR  │ BXOR │ AND  │ OR          │
      ├─────┼──────┼──────┼──────┼──────┼──────┼──────┼──────┼──────┴─────────────┤
   s  │FFFB │FFF1  │FFCE  │FEC0  │07FF  │0004  │FFF7  │FFF3  │ 0001               │
      ├─────┼──────┼──────┼──────┼──────┼──────┼──────┼──────┼────────────────────┤
   s  │ -5  │ -15  │ -50  │ -320 │ 2047 │  4   │ -9   │ -13  │  1                 │
      └─────┴──────┴──────┴──────┴──────┴──────┴──────┴──────┴────────────────────┘
     1000    1100   1200   1300   1400   1500   1600   1700   1800   1900
      ┌─────┬──────┬──────┬──────┬──────┬──────┬──────┬──────┬──────┬─────────────┐
   f  │01010│01011 │01100 │01101 │01110 │01111 │10000 │10001 │10010 │             │
      ├─────┼──────┼──────┼──────┼──────┼──────┼──────┼──────┼──────┼─────────────┤
   f  │ EQ  │ NE   │ GE   │ LE   │ GT   │ LT   │ NEG  │ BNOT │ NOT  │             │
      ├─────┼──────┼──────┼──────┼──────┼──────┼──────┼──────┼──────┼─────────────┤
   s  │0000 │0001  │0000  │0001  │0000  │0001  │FFFB  │FFFA  │0000  │             │
      ├─────┼──────┼──────┼──────┼──────┼──────┼──────┼──────┼──────┼─────────────┤
   s  │  0  │  1   │  0   │  1   │  0   │  1   │ -5   │ -6   │  0   │             │
      └─────┴──────┴──────┴──────┴──────┴──────┴──────┴──────┴──────┴─────────────┘
```

図 **1.18**　算術論理演算回路のテストベンチ（リスト 1.21）のタイミングチャート

が出力されている。

シフト演算の SHL では b=1111 1111 1111 0110 を左に a=5 ビットシフトしており，その結果 1111 1110 1100 0000，つまり，16 進数で FEC0 が出力されている。左シフト SHR では，その結果 0000 0111 1111 1111，16 進数で 07FF が出力されている。

ビットごとの論理演算の，BAND, BOR, BXOR は，それぞれ 0000 0000 0000 0100，1111 1111 1111 0111，1111 1111 1111 0011 となり，16 進数では，0004, FFF7, FFF3 が出力される。

b<a が成り立つので，比較演算の結果は NE, LE, LT が真（1）となり，EQ, GE, GT が偽（0）となる。結果を代入する s は 32 ビットなので，ビット数が足りない分だけ 0 を 31 個追加して，真の場合の s の値は 16 進数で 0001，偽の場合は 0000 となる。

単項演算の NEG は -a=-5 を出力する。ビットごとの否定 BNOT は a の全ビットが反転し，1111 1111 1111 1010，つまり，16 進数で FFFA が出力される。NOT は a が 0 でないので真と扱われ，その論理否定で偽（0），つまり 16 進数で 0000 が出力される。

演習問題

【1.1】 リスト 1.9 の組み合わせ回路を always 文を用いず assign 文を用いるように変更せよ。

【1.2】 4 ビットの**インクリメント回路**（詳しくは，文献 1) の 3.2 節 インクリメント回路 を参照）は，4 ビットの入力ポート x と 5 ビットの出力ポート s をもち，s=x+1 を満たす。リスト 1.1 の半加算器を 4 個用いて，4 ビットインクリメント回路を設計せよ。

【1.3】 N をパラメータとする。N ビットインクリメント回路を，N 個の半加算器を用いて設計せよ。

【1.4】 リスト 1.5 の 4 ビット加算回路を変更し，8 ビット加算回路を設計せよ。

【1.5】*† 4 ビットのビット列 x を 2 進数とみなしたとき，ブール関数 p は x が素数のとき 1 であり，素数でないとき 0 である。$p(x)$ を求める組み合わせ回路を設計したい。

　(1)　ブール関数 p のカルノー図を書き，最も簡単な積和形の式を求めよ（詳しくは，文献 1) の 1.2.4 項 カルノー図を用いた論理式の簡単化 を参照）。その積和形をもとに，入力が x で出力が $p(x)$ の組み合わせ回路を Verilog で設計せよ。

　(2)　(1) で求めたカルノー図を用いて，最も簡単な和積形の式を求めよ。その和積形をもとに，入力が x で出力が $p(x)$ の組み合わせ回路を Verilog で設計せよ。

　(3)　(1) と (2) で求めた組み合わせ回路を両方ともインスタンス化し，すべての入力 x について出力を調べるテストベンチを作成せよ。シミュレーションにより，両方の組み合わせ回路の出力が一致することを確認せよ。

【1.6】 7 セグメントデコーダ回路（リスト 1.18）のテストベンチを作成し，シミュレーションにより正しいことを確認せよ。

【1.7】* 7 セグメントデコーダ回路（リスト 1.18）を case 文を用いず，基本ゲート回路（AND ゲート，OR ゲート，NOT ゲートなど）を用いた組み合わせ回路により assign 文を用いて設計せよ（詳しくは文献 1) の 1.2.6 項 7 セグメントデコーダ回路 を参照）。

---

† 一歩進んだ応用性の高い発展問題には，その問題番号の右肩にアステリスク（＊）を付けている。

【1.8】 図 1.14（c）を参考に，リスト 1.15 の 4 入力セレクタ回路を変更することにより，8 入力セレクタ回路を Verilog で設計せよ。

【1.9】 M をパラメータとする。2^M 入力セレクタ回路を Verilog で設計せよ。

【1.10】 算術論理演算回路（リスト 1.20）につぎの単項演算を追加せよ。テストベンチを作成し，シミュレーションにより正しいことを確認せよ。

(1) 二乗を求める演算 SQR（つまり s=a*a）。

(2) 絶対値を求める演算 ABS（つまり a<0 のとき s=-a, a>=0 のとき s=a）。

(3) 1 増えた値を求める演算 INC（つまり s=a+1）。

(4) 1 減った値を求める演算 DEC（つまり s=a-1）。

【1.11】* M 入力イネーブル付きデコーダ回路（詳しくは，文献 1) の 2.4 節 デコーダ回路 を参照）は，M ビットの入力ポート s と 1 ビットの入力ポート e をもち，N ビットの出力ポート d をもつ。ここで $N = 2^M$（つまり，N=2**M）が成り立つ。e が 0 のときはすべての出力が 0 であり，e が 1 のときは s 番目の出力ポート d[s] が 1 であり，他の出力は 0 である。すなわち，d[s] が e であり，他の出力ポートは 0 である。この M 入力イネーブル付きデコーダ回路をつぎの手順で設計せよ。

(1) **図 1.19**（a）の 1 入力イネーブル付きデコーダ回路は，1 ビットの入力ポート s と e，および 2 ビットの出力ポート d をもつ。出力は，d[s] が e となり，他の出力ポートは 0 である。この組み合わせ回路を Verilog で設計せよ。

(2) 図（b）に示したとおり，2 入力デコーダ回路は 3 個の 1 入力イネーブル付きデコーダ回路で設計できる。この方法により 2 入力デコーダ回路を Verilog で設計せよ。

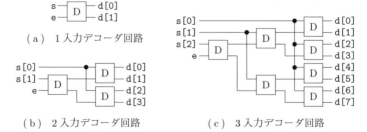

（a）1 入力デコーダ回路

（b）2 入力デコーダ回路　　　（c）3 入力デコーダ回路

図 **1.19** デコーダ回路

(3) 図 (c) に示したとおり，3 入力デコーダ回路は 7 個の 1 入力イネー
    ブル付きデコーダ回路で設計できる。この方法により 3 入力デコーダ
    回路を Verilog で設計せよ。

(4) M をパラメータとする。M 入力イネーブル付きデコーダ回路を Verilog
    で設計せよ。

2章

Verilog による順序回路の設計

◆本章のテーマ

　順序回路でデータを記憶するための基本回路はフリップフロップである。フリップフロップはクロックの立ち上がりに同期して入力データを保持する。本章は，このフリップフロップを Verilog で記述する方法から始める。このフリップフロップの記述を拡張し，カウンタ回路，スタック回路，メモリ回路の設計法を学ぶ。これらは，後で設計する TinyCPU の構成部品となる。

◆本章の構成（キーワード）

2.1　フリップフロップとカウンタ回路の設計
　　　クロック，非同期セット，非同期リセット，ブロッキング代入文，ノンブロッキング代入文，クロックの立ち上がり，posedge，negedge
2.2　ステートマシン回路の設計
　　　状態集合，状態遷移，default 文の省略
2.3　スタック回路の設計
　　　LIFO，プッシュ操作，ポップ操作，変数の配列
2.4　メモリ回路の設計
　　　非同期読み出し，同期書き込み，メモリの初期化

◆本章を学ぶと以下の内容をマスターできます

☞　クロックの立ち上がりで動作する回路を posedge を用いて記述する方法
☞　非同期セットと非同期リセットを negedge を用いて記述する方法
☞　複数ビットの変数の配列の記述法
☞　カウンタ回路，ステートマシン回路，スタック回路，メモリ回路の設計方法
☞　メモリ回路の初期値の設定方法

2.1.1 フリップフロップの設計

組み合わせ回路はデータを記憶する回路をもたないため，入力に対して，出力が一意に決まる。一方，順序回路は，データをなんらかの形で記憶するため，同じ入力に対して出力が変わり得る。この記憶のための回路部品として **D 型フ**リップフロップを Verilog で設計する。入力ポートは 1 ビットの d と clk，出力ポートは 1 ビットの q である。clk は**クロック入力**と呼ばれ，その**立ち上が**り（値の 0 から 1 への変化）で d に入力されている値を保持する。保持している値は出力ポート q からつねに出力される。

通常，クロック clk には一定の周期で 0 と 1 が入れ替わる矩形波が入力される。立ち上がりの時間間隔を**クロックサイクル**と呼び，1 秒を分子とする逆数を**クロック周波数**と呼ぶ。例えば，クロックサイクルが 1 ns（ナノ秒，10^{-9} 秒）の場合，クロック周波数は $1/1\,\mathrm{ns} = 1/10^{-9}\,\mathrm{s} = 1\,\mathrm{GHz}$ となる。

リスト 2.1 は，D 型フリップフロップの Verilog ソースコードである。4 行目で宣言されている出力ポート q を，5 行目では reg 文を用いて変数として宣言している。7 行目で，その変数 q への書き込みを always 文を用いて定義している。posedge clk は clk の立ち上がりを意味し，この立ち上がりが発生するたびに，直後の代入文 q<=d が実行される。よって，clk の立ち上がりの時

リスト 2.1 D 型フリップフロップの Verilog ソースコード dff.v

```
1  module dff(clk,d,q);
2
3    input clk,d; // 1ビットの入力ポートclk,d
4    output q; // 1ビットの出力ポートq
5    reg q; // 1ビットの変数q
6
7    always @(posedge clk) q<=d; // clkの立ち上がりで代入
8
9  endmodule
```

の d の値が変数 q に書き込まれる。ここで，後につづく代入文の右辺にある d
が always 文のセンシティビティリストにないことに注意する。したがって，d
の値が変わっただけでは代入文 q<=d が実行されず，q の値は変更されない。q
の値が更新されるのは，clk の立ち上がりのときだけである。以上より，D 型
フリップフロップの動作が正しく記述できていることがわかる。

　ここで，代入文が q=d ではなく，q<=d であることに注意する。Verilog にはブ
ロッキング代入文とノンブロッキング代入文の 2 種類の代入文がある。q=d は
ブロッキング代入文であり，これらが並んでいるときは上から順に実行される。
例えば，二つの変数 a と b の値が，それぞれ 1 と 2 のときに

　a=3;

　b=a;

を実行すると，まず a に 3 が代入され，そして b に a の現在の値 3 が代入され
る。よって，a と b の値は両方とも 3 となる。一方，q<=d はノンブロッキング
代入文であり，これらが並んでいるときは同時に実行される。二つの変数 a と
b の値が，それぞれ 1 と 2 のときに

　a<=3;

　b<=a;

を実行すると，a に 3 が代入されるのと同時に，b に a の値 1 が代入される。し
たがって，a の値は 3，b の値は 1 となる。always 文を用いて，組み合わせ回路
と順序回路の両方を設計することができるが，組み合わせ回路の場合はブロッ
キング代入文，順序回路を設計する場合はノンブロッキング代入文を用いるこ
とが推奨される。D 型フリップフロップは順序回路なので，リスト 2.1 ではノ
ンブロッキング代入文を用いている。

　リスト **2.2** は，D 型フリップフロップの Verilog ソースコード（リスト 2.1）
のシミュレーションを行うためのテストベンチである。6 行目でモジュール dff
をインスタンス化している。8 行目と 9 行目で，周期的に変化するクロック clk

リスト **2.2** D 型フリップフロップのテストベンチ dff_tb.v

```
1  module dff_tb;
2
3    reg clk,d; // 1ビットの変数clk,d
4    wire q; // 1ビットの配線q
5
6    dff dff0(clk,d,q); // dffをインスタンス化
7
8    initial clk=0;  // シミュレーション開始時に実行
9    always #50 clk=~clk; // 50単位時間ごとに実行
10
11   initial begin
12     $dumpvars;
13     d=0; #200
14     d=1; #200
15     d=0; #200
16     d=1; #200
17     $finish;
18   end
19
20 endmodule
```

の値を定義している。8 行目の initial 文で，シミュレーション開始時に clk の
値を 0 に設定している。9 行目の always 文では，50 単位時間ごとに clk にそ
の否定 ~clk を代入し，値を反転している。100 単位時間の間に値が 2 回反転
し元の値に戻るので，クロック clk の周期は 100 単位時間となる。今後，順序
回路を対象とするテストベンチでは，この 100 単位時間周期のクロックを用い
る。11 行目の initial 文以下で d の値を設定している。最初は 0 で，200 単位
時間ごとに値を反転している。

図 **2.1** は，D 型フリップフロップのテストベンチ（リスト 2.2）によるシミュ
レーション結果である。クロック clk の立ち上がりが起きるたびに，そのとき

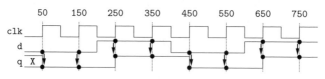

図 **2.1** D 型フリップフロップのテストベンチ（リスト 2.2）の
タイミングチャート

のdの値がqに書き込まれる。qへの値の代入は，このclkの立ち上がりのときだけなので，最初のclkの立ち上がりが起きるまで，qの値は決められない。よって，最初の立ち上がりでqに書き込みが行われるまでの50単位時間は，シミュレーション上は不定値Xであり，50単位時間経過時にそのときのdの値0が書き込まれる。

　つぎに，D型フリップフロップに非同期セット入力set_n，非同期リセット入力rst_nと，イネーブル入力eの三つを追加する。この回路を単に**フリップフロップ**と呼ぶことにする。非同期セット入力set_nが0になると，フリップフロップの保持する値がただちに1になる。同様に，非同期リセット入力rst_nが0の場合は，値が0になる。これらの入力は，0のときにその動作が起きる負論理であることを明確にするため，入力ポート名に_n（negativeを意味する）が付いている。この二つは相反する動作なので，set_nとrst_nの両方が0になることはないものとする。D型フリップフロップではクロックclkの立ち上がりごとにdの値がqに書き込まれたが，フリップフロップはイネーブル入力eが1のときのみ書き込みが行われる。eが0の場合，クロックclkが立ち上がっても書き込みが行われず，立ち上がりの前と後でqは変わらない。以上のフリップフロップの動作をまとめたものが**表2.1**である。この表で↑は立ち上がりを意味する。

表2.1 フリップフロップの動作

入力				出力	動　作
clk	set_n	rst_n	e	q	
-	0	1	-	1	非同期セット
-	1	0	-	0	非同期リセット
↑	1	1	0	q	値が変わらない
↑	1	1	1	d	dの値の書き込み

　リスト2.3はフリップフロップのVerilogソースコードである。入力ポートは1ビットのclk, set_n, rst_n, e, dであり，出力ポートは1ビットのqである。7行目のalways文で，qの値を定義している。センシティビティリストは，posedge clk, negedge set_n, negedge rst_nの三つであり，negedge

リスト **2.3** フリップフロップの Verilog ソースコード **ff.v**

```
1   module ff(clk,set_n,rst_n,e,d,q);
2
3     input clk,set_n,rst_n,e,d; // 1ビットの入力ポート
4     output q; // 1ビットの出力ポートq
5     reg q; // 1ビットの変数q
6
7     always @(posedge clk, negedge set_n, negedge rst_n)
8       if(!set_n) q<=1; // 非同期セット
9       else if(!rst_n) q<=0; // 非同期リセット
10      else if(e) q<=d; // dの書き込み
11
12  endmodule
```

は値が 1 から 0 に変化する**立ち下がり**を意味する。よって，クロック clk の立ち上がり，非同期セット set_n の立ち下がり，非同期リセット rst_n の立ち下がりのいずれかが起きた場合に，直後の if 文が実行される。まず，set_n の立ち下がりが起きた場合，その直後の set_n の値は 0 なので，8 行目の if 文の条件式 !set_n が真になり，q に 1 が代入される。その後，set_n の値が 0 であるかぎり，clk の立ち上がりが起こって if 文が実行されても，再び q に 1 が代入され，q の値は 1 のままである。同様に，rst_n の立ち下がりが起きた場合，9 行目の if 文の条件式 !rst_n が真になり，q に 0 が代入され，rst_n の値が 0 であるかぎり，q の値は 0 のままである。set_n と rst_n が両方とも 1 のときにクロック clk の立ち上がりが起きると，10 行目の if 文が実行される。よって，e が 1 のときに q に d の値が書き込まれる。set_n が 0 であれば，クロック clk の立ち上がりが起きても 8 行目の if 文の条件式が真になり，q に 1 が代入される。rst_n が 0 の場合も同様である。以上より，表 2.1 のフリップフロップの動作が記述できていることがわかる。

リスト **2.4** は，フリップフロップのテストベンチである。6 行目でモジュール ff をインスタンス化している。D 型フリップフロップ（リスト 2.1）と同様に，8 行目と 9 行目で 100 単位時間周期のクロック clk を定義している。11 行目からの initial 文で，入力 set_n, rst_n, e, d の値を定めている。

リスト **2.4**　フリップフロップのテストベンチ `ff_tb.v`

```verilog
 1  module ff_tb;
 2
 3    reg clk,set_n,rst_n,e,d; // 1ビットの変数
 4    wire q; // 1ビットの配線
 5
 6    ff ff0(clk,set_n,rst_n,e,d,q); // ffをインスタンス化
 7
 8    initial clk=0; // 100単位時間周期のclk
 9    always #50 clk=~clk;
10
11    initial begin
12      $dumpvars;
13      set_n=1; rst_n=1; e=0; d=1; #100
14      rst_n=0; #100
15      rst_n=1; #100
16      e=1; #100
17      d=0; #100
18      e=0; #100
19      set_n=0; #100
20      set_n=1; #100
21      e=1; #100
22      d=1; #100
23      rst_n=0; #100
24      $finish;
25    end
26
27  endmodule
```

図 2.2 は，フリップフロップのテストベンチのタイミングチャートである。q に初期値の設定がないので，最初は不定値 X である。時刻 100 に非同期リセットが行われるので，q の値が 0 になる。時刻 350, 450, 850, 950 のクロック

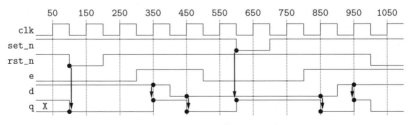

図 **2.2**　フリップフロップのテストベンチ（リスト 2.4）のタイミングチャート

clk の立ち上がりのときに e の値が 1 なので，d の値が q に書き込まれている。また，時刻 600 には非同期セットが行われており，クロック clk の立ち上がりに関係なく，q の値が 0 から 1 になっている。

2.1.2 カウンタ回路の設計

フリップフロップを拡張することによりカウンタ回路を設計する。ビット数が変更できるように，パラメータ N を用いて N ビットカウンタとする。入力ポートは 1 ビットの clk, rst_n, load, inc と N ビットの d であり，出力ポートは N ビットの q である。rst_n は非同期リセットであり，0 になると q の値がただちに 0 になる。clk の立ち上がりのときに，load が 1 であれば d の値が q に書き込まれる。inc が 1 であれば，q の値が 1 増える。load と inc が同時に 1 になることはないものとする。このカウンタ回路の動作をまとめたものが表 2.2 である。

表 2.2　カウンタ回路の動作

	入　　力			出力	動　　作
clk	rst_n	load	inc	q	
-	0	-	-	0	非同期リセット
↑	1	0	0	q	値が変わらない
↑	1	1	0	d	値の書き込み
↑	1	0	1	q+1	値が 1 増える

リスト 2.5 はカウンタ回路の Verilog ソースコードである。2 行目で既定値 16 のパラメータ N を宣言している。4 行目と 5 行目で 1 ビットの入力ポート clk, rst_n, load, inc と N ビットの入力ポート d を宣言し，6 行目で N ビットの出力ポート q を宣言している。また，7 行目で q を N ビット変数としている。9 行目の always 文で q に書き込まれる値を定義している。この部分は，リスト 2.3 のフリップフロップと類似しており，クロック clk の立ち上がり，非同期リセット入力 rst_n の立ち下がりで 10 行目からの if 文が実行される。10 行目は非同期リセットの場合に実行され，q に 0 が代入される。非同期リセットでない場合は，11 行目以降が実行される。load が 1 のときは q に d が書き

リスト **2.5**　カウンタ回路の Verilog ソースコード `counter.v`

```verilog
1  module counter(clk,rst_n,load,inc,d,q);
2    parameter N=16; // 既定値16のビット数N
3
4    input clk,rst_n,load,inc; // 1ビットの入力ポート
5    input [N-1:0] d; // Nビットの入力ポートd
6    output [N-1:0] q; // Nビットの出力ポートq
7    reg [N-1:0] q; // Nビットの変数q
8
9    always @(posedge clk, negedge rst_n)
10     if(!rst_n) q<=0; // 非同期リセット
11     else if(load) q<=d; // dの書き込み
12     else if(inc) q<=q+1; // qが1増える
13
14 endmodule
```

込まれ，inc が 1 のときは q に q+1 が書き込まれ 1 増える。両方とも 0 の場合は，q への書き込みは起こらず，q の値は変わらない。よって，表 2.2 のカウンタ回路の動作が記述できている。このカウンタ回路を論理合成ツールにより回路化すると，変数 q の値を保持するための N ビットのレジスタが生成される。

　カウンタ回路のテストベンチを作成し，シミュレーションにより動作を確認する。リスト **2.6** がそのテストベンチである。7 行目でカウンタ回路のモジュール counter をビット数のパラメータ N を 8 としてインスタンス化している。12 行目の initial 文以降で，カウンタ回路のモジュールへ入力する値の変化を定義している。

　図 **2.3** はカウンタ回路のテストベンチを実行して得られるタイミングチャートである。表示されている値は 10 進数である。最初から rst_n が 0 であり非同期リセットが行われるので，q の値は 0 である。時刻 150 と 250 で inc が 1 なので，値が 1，2 と増える。時刻 350 で load が 1 なので，そのときの d の値 123 が q に書き込まれる。つづく時刻 450 と 550 で inc が 1 なので，q の値が 124，125 と増える。そして，時刻 650 で load が 1 なので，そのときの d の値 254 が q に書き込まれる。時刻 750，850，950 で inc が 1 なので，q の値が増えるが，8 ビットで最大値が 255 なので，255 のつぎは 0 に戻り，時刻

リスト **2.6** カウンタ回路のテストベンチ `counter_tb.v`

```verilog
1  module counter_tb;
2
3    reg clk,rst_n,load,inc; // 1ビットの変数
4    reg [7:0] d; // 8ビットの変数d
5    wire [7:0] q; // 8ビットの配線q
6
7    counter #(8) counter0(clk,rst_n,load,inc,d,q);
8
9    initial clk=0; // 100単位時間周期のclk
10   always #50 clk=~clk;
11
12   initial begin
13     $dumpvars;
14     rst_n=0; load=0; inc=0; d=0; #100 //非同期リセット
15     rst_n=1; inc=1; #200 // 1増える
16     inc=0; load=1; d=123; #100 // 書き込み
17     inc=1; load=0; #200 // 1増える
18     inc=0; load=1; d=254; #100 // 書き込み
19     inc=1; load=0; #300 // 1増える
20     rst_n=0; #100 // 非同期リセット
21     $finish;
22   end
23
24 endmodule
```

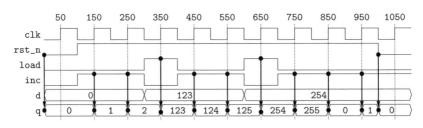

図 **2.3** カウンタ回路のテストベンチ（リスト 2.6）のタイミングチャート

950 で 1 となる。時刻 1000 で `rst_n` が 0 になるので，非同期リセットが行われ，q の値は 0 となる。

2.2 ステートマシン回路の設計

ステートマシンとは複数の状態からなる状態集合をもつ。そのうち一つが初期状態で，その初期状態から開始し，外部からの入力に依存して状態を遷移していく。それを回路化したのがステートマシン回路である。ここでは TinyCPU の状態を制御するステートマシン回路を設計する。**図 2.4** は TinyCPU のステートマシンを図で表したものである。状態は IDLE, FETCH, EXEC の三つである。IDLE は初期状態であり実行開始待ちの状態である。状態 FETCH では，メモリから機械語コードを取り出し，命令レジスタに格納する。状態 EXEC では，命令レジスタに格納されている機械語コードに基づいて，命令を実行する。ここで設計するのは状態遷移を制御するステートマシン回路である。

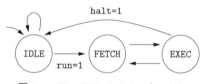

図 2.4 TinyCPU のステートマシン

ステートマシンの入力ポートは 1 ビットの clk, rst_n, run, halt である。出力ポートは 2 ビットの q で，状態が IDLE, FETCH, EXEC のときに，それぞれ 2'b00, 2'b01, 2'b10 を出力する。rst_n は非同期リセットで 0 のときにただちに状態が IDLE となる。rst_n が 1 のときに，クロック clk の立ち上がりで状態が遷移する。clk の立ち上がりで状態が IDLE のときに run が 1 であれば，状態が FETCH に遷移する。run が 0 のときは状態は IDLE のままで遷移しない。状態 FETCH のときは，clk の立ち上がりで，EXEC に必ず遷移する。状態 EXEC のときは，clk の立ち上がりで halt が 1 なら，IDLE に遷移する。halt が 0 なら，FETCH に戻る。以上をまとめたのが**表 2.3** のステートマシン回路の動作である。

表 2.3　ステートマシン回路の動作

現在の状態	clk	rst_n	run	halt	つぎの状態
–	–	0	–	–	IDLE
IDLE	↑	1	0	–	IDLE
IDLE	↑	1	1	–	FETCH
FETCH	↑	1	–	–	EXEC
EXEC	↑	1	–	0	FETCH
EXEC	↑	1	–	1	IDLE

　つぎに，ステートマシン回路を Verilog で設計する。算術論理演算回路で演算名を define 文で定義したのと同様に，状態名のもつ 2 ビットの値を定義する。リスト **2.7** がそのソースコードである。この定義は今後設計する回路の Verilog 記述でも用いるので，別ファイル state_d.v とする。

リスト 2.7　ステートマシン回路の状態名定義 state_d.v

```
1  `define IDLE  2'b00
2  `define FETCH 2'b01
3  `define EXEC  2'b10
```

　リスト **2.8** がステートマシン回路の Verilog ソースコードである。1 行目でリスト 2.7 の state_d.v を include 文で読み込んでいる。よって，例えば，`IDLE は 2'b00 に置き換えられる。

　4 行目で四つの 1 ビット入力ポートを宣言し，5 行目で 2 ビットの出力ポート q を宣言している。6 行目でこの q は変数としても宣言されている。

　8 行目の always 文で，q に代入する値を定義している。クロック clk の立ち上がり，もしくは rst_n の立ち下がりが発生したときに，9 行目からの if 文が実行される。このとき rst_n が 0 であれば，q に 0 が代入され非同期リセットとなる。rst_n が 1 であれば，10 行目の case 文が実行される。

　10 行目の case 文は，q の値に依存して実行される文が変わる。例えば，`IDLE のとき，つまり 2'b00 のときは，11 行目の if 文が実行され，run が 1 の場合に q に `FETCH が代入される。このとき，もし run が 0 であれば，q への代入は行われず，値は `IDLE のままである。q の値が `FETCH のとき，12 行目で `EXEC

リスト **2.8** ステートマシン回路の Verilog ソースコード state.v

```
1   `include "state_d.v"
2   module state(clk,rst_n,run,halt,q);
3
4     input clk,rst_n,run,halt; // 1ビットの入力ポート
5     output [1:0] q; // 2ビットの出力ポートq
6     reg [1:0] q; // 現在の状態を保存する2ビットの変数q
7
8     always @(posedge clk, negedge rst_n)
9       if(!rst_n) q<=`IDLE; // 非同期リセット
10      else case(q) // つぎの状態を決める
11          `IDLE: if(run) q<=`FETCH;
12          `FETCH: q<=`EXEC;
13          `EXEC: if(halt) q<=`IDLE; else q<=`FETCH;
14          default: q<=2'bXX;
15        endcase
16
17  endmodule
```

が代入される。q の値が `EXEC のとき，13 行目の if 文が実行され，halt が 1 なら `IDLE が代入され，0 ならば `FETCH が代入される。

14 行目の default ではこれまでに定義した三つの値以外の場合，つまり q が 2'b11 の場合の動作を定義している。ここでは q に不定値 2'bXX を代入している。ところが，q が 2'b11 になることはないので，この代入が実行されることはない。よって，q が 2'b11 の場合，q にはどのような値が代入されるかわからないことを意味している。

組み合わせ回路を case 文で記述した場合，default 文を省略することはできなかった。一方，ステートマシン回路のような順序回路においては，省略することもできる。このステートマシン回路において，14 行目の default 文を省略すると，q が 2'b11 の場合，q への代入文が行われないので，q の値は 2'b11 のままである。よって，q が 2'b11 のときは値を変更しないという回路を論理合成ツールが出力することになる。q が 2'b11 になることはないので，このような動作を行うようにステートマシン回路が設計されていても問題はない。一方，default 文があると，q が 2'b11 のときは，つぎの q の値は自由に決めて

よいドントケア入力になるので，論理合成ツールがより簡単な回路を生成する
可能性がある。したがって，順序回路の場合も，このような default 文は省略
しないほうがよい。

リスト 2.9 はステートマシン回路のテストベンチである。6 行目でステート
マシン回路をインスタンス化し，11 行目で入力ポートに代入する値を定義して
いる。

リスト 2.9　ステートマシン回路のテストベンチ state_tb.v

```
1  module state_tb;
2
3    reg clk,rst_n,run,halt; // 1ビットの変数
4    wire [1:0] q; // 2ビットの配線q
5
6    state state0(clk,rst_n,run,halt,q);
7
8    initial clk=0; // 100単位時間周期のclk
9    always #50 clk=~clk;
10
11   initial begin
12     $dumpvars;
13     rst_n = 0; run = 0; halt = 0; #100 // 非同期リセット
14     rst_n = 1; run = 1; #100 // 動作開始
15     run = 0; #600
16     halt = 1; #300 // 動作終了
17     $finish;
18   end
19
20 endmodule
```

図 2.5 はステートマシン回路のテストベンチのシミュレーション結果である。
非同期リセットにより，最初の状態は IDLE である。時刻 150 に run が 1 な

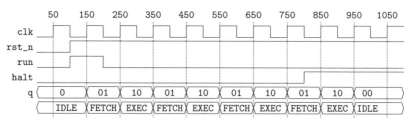

図 2.5　ステートマシン回路のテストベンチ（リスト 2.9）のタイミングチャート

ので，状態がFETCHに遷移する。それ以降，haltが0なので，FETCHとEXECを交互に繰り返す。時刻800にhaltが1となり，状態がEXECとなった後の最初のclkの立ち上がり，つまり時刻950で状態がIDLEに遷移する。

2.3 スタック回路の設計

スタックとは，データの出し入れの操作を行うことができるデータ構造である。スタックにデータを入れる操作を**プッシュ操作**，スタックからデータを出す操作を**ポップ操作**と呼ぶ。ポップの際に，後に入れたデータが先に出てくる場合は，**LIFO**（last–in first–out）とも呼ばれる。一方，先に入れたデータが先に出てくるデータ構造は，**キュー**あるいは**FIFO**（first–in first–out）と呼ばれる。

スタックを実現するスタック回路を設計する。データのビット数をパラメータを用いて N ビットとし，蓄えることのできるデータ数を4個とする。この4個をq[0]，q[1]，q[2]，q[3]と表す。q[0]をスタックトップ，q[1]をスタックの2番目と呼び，これらは，N ビットの出力ポートqtop, qnextから読み出すことができる。スタック回路の入力ポートは，クロックclkと制御のためのload, push, pop，および書き込むデータのための N ビットのdである。図2.6は，制御のための各入力ポートが1のときに，clkの立ち上がりで行われる動作を示している。loadが1のときは，スタックトップq[0]にdから入力される値を書き込む。他のデータは変わらない。pushが1のときは，図のように値を一つ下にずらす。popが1のときは，逆に値を一つ上にずらす。こ

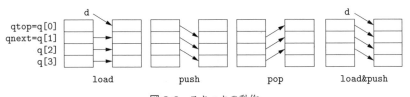

図 2.6 スタックの動作

のとき，スタックトップ q[0] の値を読み出すと，スタックから値を一つ取り出せるので，pop を 1 にすることにより，スタックに対するポップ操作とみなせる。load と push が両方とも 1 のときは，これらに対応する動作を同時に行う。つまり，q[0] に d から入力される値を書き込み，同時に値が一つ下にずれるので，スタックに対するプッシュ操作となる。

このスタックの動作を実現するスタック回路を Verilog で設計する。リスト **2.10** がその Verilog ソースコードである。2 行目で，ビット数 N を既定値 16 として宣言している。

リスト **2.10** スタック回路の Verilog ソースコード stack.v

```
1   module stack(clk,load,push,pop,d,qtop,qnext);
2     parameter N=16;
3
4     input clk,load,push,pop; // 1ビットの入力ポート
5     input [N-1:0] d; // Nビットの入力ポートd
6     output [N-1:0] qtop,qnext; // Nビットの出力ポートqtop,qnext
7     reg [N-1:0] q[0:3]; // Nビットの変数q[0],q[1],q[2],q[3]
8
9     assign qtop=q[0];  // qtopにq[0]を出力
10    assign qnext=q[1]; // qnextにq[1]を出力
11
12    always @(posedge clk) // clkの立ち上がりで動作
13      begin
14        if(load) q[0]<=d; else if(pop) q[0]<=q[1];
15        if(push) q[1]<=q[0]; else if(pop) q[1]<=q[2];
16        if(push) q[2]<=q[1]; else if(pop) q[2]<=q[3];
17        if(push) q[3]<=q[2]; else if(pop) q[3]<={N{1'bX}};
18      end
19
20  endmodule
```

4 行目で 1 ビットの入力ポートは clk, load, push, pop を宣言し，5 行目で N ビットの入力ポート d を宣言している。6 行目で N ビットの出力ポート qtop（スタックトップ）と qnext（スタックの 2 番目）を宣言している。7 行目で四つの N ビット変数 q を宣言している。reg 文において，[N-1:0] が一つの変数が N ビットであることを意味し，[0:3] でその変数が q[0]，q[1]，

q[2]，q[3] の四つとなることに注意する。

　9 行目と 10 行目で，出力ポート qtop と qnext に変数 q[0] と q[1] の値を assign 文により継続的に代入している。よって，qtop と qnext に q[0] と q[1] の値が常時出力される。

　12 行目の always 文で，クロック clk の立ち上がりのたびに，直後の begin 〜end で囲まれた文が実行される。

　14 行目は q[0] への代入を行っている。load が 1 のときは d の値が代入され，pop が 1 のときは q[1] の値が代入される。これら以外の場合，q[0] の値は変わらない。

　15 行目は q[1] への代入を行っている。push が 1 のときは q[0] の値が代入され，pop が 1 のときは q[2] の値が代入される。

　16 行目は q[2] への代入を行っている。push が 1 のときは q[1] の値が代入され，pop が 1 のときは q[3] の値が代入される。

　17 行目は q[3] への代入を行っている。push が 1 のときは q[2] の値が代入され，pop が 1 のときは {N{1'bX}} が代入される。ここで，{N{1'bX}} は，1 ビットの不定値 X を繰り返し演算で N 回繰り返したものなので，全 N ビットが不定値 X であるビット列となる。この不定値の代入は省略してもよく，その場合は q[3] の値は変わらない。

　リスト 2.11 はスタック回路の動作を確認するためのテストベンチである。7 行目でスタックをインスタンス化している。12 行目からの initial 文で，load, push, pop, d の値を決めている。最初はすべて 0 で，100 単位時間後から，400 単位時間の間に四つの値 16'h1234, 16'h5678, 16'h9ABC, 16'hDEF0 をスタックにプッシュしている。そのつぎの 100 単位時間は動作せず，つづく 500 単位時間の間ポップしている。

　図 2.7 はスタック回路のテストベンチを実行した結果得られるタイミングチャートである。q に初期値を代入していないので，qtop と qnext は不定値 X となる。時刻 150, 250, 350, 450 のとき，load と push が 1 なので，そのときの d の値 16'h1234, 16'h5678, 16'h9ABC, 16'hDEF0 がスタックに書

リスト **2.11**　スタック回路のテストベンチ stack_tb.v

```
1  module stack_tb;
2
3    reg clk,load,push,pop; // 1ビットの変数
4    reg [15:0] d; // 16ビットの変数d
5    wire [15:0] qtop,qnext; // 16ビットの配線qtop,qnext
6
7    stack stack0(clk,load,push,pop,d,qtop,qnext);
8
9    initial  clk=0; // 100単位時間周期のclk
10   always #50 clk=~clk;
11
12   initial begin
13     $dumpvars;
14     load=0; push=0; pop=0; d=0; #100
15     load=1; push=1; d=16'h1234; #100 // 16'h1234をプッシュ
16     d=16'h5678; #100 // 16'h5678をプッシュ
17     d=16'h9ABC; #100 // 16'h9ABCをプッシュ
18     d=16'hDEF0; #100 // 16'hDEF0をプッシュ
19     load=0; push=0; #100
20     pop=1; #500 // 500単位時間ポップ
21     $finish;
22   end
23
24 endmodule
```

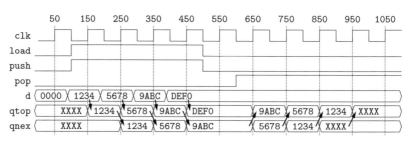

図 **2.7**　スタック回路のテストベンチ（リスト 2.11）のタイミングチャート

き込まれる。クロック clk の立ち上がりごとに d → qtop → qnext の順で同じ
値が移動しているのが確認できる。そして，時刻 600 からは pop が 1 になって
いるので，時刻 650 以降のクロック clk の立ち上がりごとに，逆順の qnext →
qtop の順で書き込んだ値が移動している。値が書き込んだのと逆順に qtop に

戻ってきており，スタックとして正しい動作であることがわかる。

2.4 メモリ回路の設計

メモリとは，データの読み書きができる配列である。配列の**アドレス（番地）**を指定し，指定された配列の要素が格納している値を読んだり，変更したりすることができる。これらの操作を実現する**メモリ回路**を設計する。

図 2.8 はメモリ回路を表している。メモリ回路の入力ポートは 1 ビットの clk と load である。さらに M ビットの addr（アドレス）と N ビットの d（データ）の二つの入力ポートをもつ。出力ポートは N ビットの q である。内部に 2^M 個（つまり 2**M 個）の N ビット変数の配列 mem をもっており，mem[0]，mem[1]，…， mem[2**M-1] のそれぞれが N ビットの変数である。出力ポート q からは mem[addr] の値が常時出力される。クロック clk に同期しないので，**非同期読み出し**と呼ばれる。書き込みは clk に同期し，clk の立ち上がりのときに load の値が 1 であれば，mem[addr] に d の値が書き込まれる。この書き込み動作は**同期書き込み**と呼ばれる。

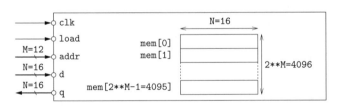

図 2.8 メ モ リ 回 路

リスト 2.12 はメモリ回路の Verilog ソースコードである。2 行目でパラメータ M と N を，それぞれ 12 と 16 を既定値として宣言している。5 行目で入力ポート addr を M ビットと宣言しているので，既定値では 12 ビットとなる。6 行目と 7 行目で，入力ポート d と出力ポート q を N ビットとしているので，既定値では 16 ビットである。また，既定値では，8 行目で変数の配列 mem は，$2^{12} = 4096$ 個の 16 ビット変数から構成され，mem[0]，mem[1]，…，

リスト **2.12**　メモリ回路の Verilog ソースコード ram.v

```verilog
1  module ram(clk,load,addr,d,q);
2    parameter M=12,N=16;
3
4    input clk,load; // 1ビットの入力ポートclk,load
5    input [M-1:0] addr; // Mビットの入力ポートaddr
6    input [N-1:0] d; // Nビットの入力ポートd
7    output [N-1:0] q; // Nビットの出力ポートq
8    reg [N-1:0] mem[0:2**M-1]; // Nビットの大きさ2**Mの配列
9
10   assign q=mem[addr]; // 非同期読み出し
11
12   always @(posedge clk) if(load) mem[addr]<=d; // 同期書き込み
13
14   initial begin // メモリの初期値の設定
15     mem[0]=13;
16     mem[1]=24;
17     mem[2]=39;
18     mem[3]=42;
19   end
20
21 endmodule
```

mem[4095] のそれぞれが 16 ビット変数を表す。後で設計する TinyCPU でメモリ回路をインスタンス化するときは，この既定値をそのまま用いる。

　10 行目の assign 文で出力ポート q に mem[addr] をつねに書き込んでいる。12 行目の always 文では，clk の立ち上がりが発生したときに，load が 1 であれば配列 mem の要素 mem[addr] に入力ポート d の値を書き込んでいる。load が 0 であればこの書き込みは起こらない。14 行目の initial 文は，シミュレーション開始時に一度だけ実行され，ここでは，配列 mem の初期値を設定している。0，1，2，3 番地の初期値をそれぞれ 10 進数で 13，24，39，42 としている。これら以外の初期値が設定されていない番地は不定値 X が初期値となる。

　メモリ回路のモジュール ram が正しく動作するのを確認するために，テストベンチを用いてシミュレーションを行う。リスト **2.13** がそのテストベンチである。8 行目でモジュール ram をインスタンス化している。#(12,16) によりパラメータ M と N の値をそれぞれ 12 と 16 としている。これらは既定値と同じ

リスト **2.13** メモリ回路のテストベンチ `ram_tb.v`

```verilog
1   module ram_tb;
2
3     reg clk,load; // 1ビット変数clk,load
4     reg [11:0] addr; // 12ビット変数addr
5     reg [15:0] d; // 16ビット変数d
6     wire [15:0] q; // 16ビット配線q
7
8     ram #(12,16) ram0(clk,load,addr,d,q);
9
10    initial clk=0; // 100単位時間周期のclk
11    always #50 clk=~clk;
12
13    initial begin
14      $dumpvars;
15      load=0; addr=1; #100 // mem[1]読み出し
16      addr=2; #100 // mem[2]読み出し
17      addr=3; #100 // mem[3]読み出し
18      addr=4; #100 // mem[4]読み出し
19      load=1; addr=2; d=20; #100  // mem[2]書き込み
20      addr=3; d=30; #100 // mem[3]書き込み
21      addr=4; d=40; #100 // mem[4]書き込み
22      load=0; addr=1; #100 // mem[1]読み出し
23      addr=2; #100 // mem[2]読み出し
24      addr=3; #100 // mem[3]読み出し
25      addr=4; #100 // mem[4]読み出し
26      $finish;
27    end
28
29  endmodule
```

なので，省略できる。13 行目からの initial 文で load, addr, d の値を設定して
いる。最初は load の値を 0 とし，addr を 1, 2, 3, 4 と変更しており，mem[1]，
mem[2]，mem[3]，mem[4] の値が順次読み出される。つづいて，load の値を
1 とし，addr を 2, 3, 4 と変更しているので，mem[2]，mem[3]，mem[4] に
clk の立ち上がりのときの d の値が書き込まれる。最後に，load の値を 0 と
し，addr を 1, 2, 3, 4 と変更して，mem[1]，mem[2]，mem[3]，mem[4] の
値を読み出している。

　図 2.9 はメモリ回路のテストベンチ（リスト 2.13）を用いたシミュレーショ

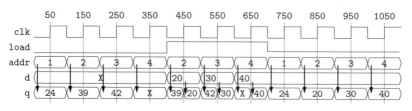

図 **2.9** メモリ回路のテストベンチ（リスト 2.13）のタイミングチャート

ン結果である。時刻 0 から 400 までは，mem[1]，mem[2]，mem[3]，mem[4]
の値が q に出力されている。mem[4] の初期値は設定されていないので，不定
値 X である。時刻 450，550，650 の clk の立ち上がりで，mem[2]，mem[3]，
mem[4] に書き込みが行われる。clk の立ち上がりの直前は書き込み前の値が q
に出力され，立ち上がり後に書き込まれた値が出力される。例えば，時刻 450
の少し前の q の値は，mem[2] の値 39 であるが，clk の立ち上がり時に mem[2]
に 20 が書き込まれるので，clk の立ち上がり後の q の値は 20 となる。時刻
700 からは，mem[1]，mem[2]，mem[3]，mem[4] の値が q に出力されている。
mem[2]，mem[3]，mem[4] については書き込み後の値となっており，メモリ回
路は正しく動作している。

演習問題

【**2.1**】 リスト 2.5 のカウンタ回路に，つぎの 1 ビットの入力ポート zero と dec を
追加せよ。入力ポート zero は 1 のときに，クロック clk の立ち上がりで q
の値が 0 となる同期リセットである。入力ポート dec は 1 のときに，clk
の立ち上がりで q の値が 1 減る。テストベンチを用いたシミュレーション
により動作を確認せよ。

【**2.2**】 リスト 2.3 のフリップフロップ，リスト 1.1 の半加算器，リスト 1.13 の 2
入力セレクタ回路をインスタンス化し，4 ビットカウンタ回路を設計せよ。

【**2.3**】 リスト 2.8 のステートマシン回路を，Verilog ソースコードを case 文を使
わず，if 文のみ用いるように書き換えよ。

【**2.4**】 図 2.10 は，ビット列の中から部分ビット列 00111 を見つけるためのステー
トマシンである。初期状態は A であり，文字が入力されるたびに状態遷移

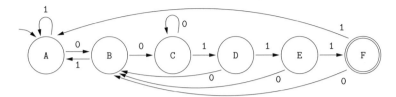

図 **2.10**　文字列 00111 を見つけるステートマシン

が行われる。ビット列が入力されたときに，それが部分ビット列 00111 を
含んでいると，最後の 1 を入力したときに，状態が F になるように設計さ
れている。このステートマシンの動作を行う順序回路を設計せよ。クロッ
ク clk の立ち上がりごとに，1 ビットの入力ポート x にビット列が 1 ビッ
トずつ入力されるものとする。また，状態数が 6 なので，状態を 3 ビット
に割り当てて，現在の状態の 3 ビットを出力するようにせよ。

【2.5】* 図 2.10 のステートマシンを部分ビット列 10101 を見つけるように変更し，
その動作を行う順序回路を設計せよ。

【2.6】 スタック回路の Verilog ソースコードリスト 2.10 を改造し，qtop と qnext
を reg 文で変数として宣言し，これらの値を always 文を用いて定義せよ。

【2.7】 スタック回路の Verilog ソースコードリスト 2.10 を改造し，蓄えられるデー
タの個数を 8 個とせよ。

【2.8】* スタック回路の Verilog ソースコードリスト 2.10 を改造し，パラメータ M
を用いて，蓄えられるデータの個数を M 個とせよ。

【2.9】* 先に入れたデータが先に出てくるデータ構造であるキューを実現する順序
回路を設計せよ。ただし，データのビット数をパラメータ N とし，蓄えら
れるデータの個数を 4 とする。

【2.10】* メモリ回路の同期読み出しとは，clk の立ち上がりのときに，mem[addr]
の値が読み出され，q から出力されるものである。q から出力される値は，
clk の立ち上がりのときにのみ更新され，clk の立ち上がり時以外で addr
の値が変わっても，q から出力される値は変わらない。アドレス入力が一
つだけなので，clk の立ち上がりで，読み出しと書き込みは同じ番地に対
して行われる。このとき，書き込みが読み出しの先に行われる（read after
write, **RAW**）と読み出しが書き込みの前に行われる（write after read,
WAR）の 2 通りが考えられる。RAW の場合，読み出されるのは書き込
み後の値であり，WAR の場合は書き込み前の値である。

(1) RAW の同期読み出し同期書き込みメモリ回路を Verilog で設計せよ。

〔ヒント〕 clk の立ち上がりで addr の値を保存すればよい。

(2) WAR の同期読み出し同期書き込みメモリ回路を Verilog で設計せよ。

〔ヒント〕 clk の立ち上がりで q の値を保存すればよい。

【2.11】* メモリ回路を用いて，スタックとキューを設計せよ。パラメータ M と N を用いて，N ビットの値を M 個蓄えるようにすること。

3章

TinyCPU の設計の準備

◆本章のテーマ

TinyCPU の設計の準備として，TinyCPU の動作の一部だけを行う回路を設計する。具体的に設計するのはつぎの四つの回路である。式の計算を行う回路（演算スタック回路），メモリ回路から機械語コードを取り出し命令レジスタに書き込む回路（命令フェッチ回路），メモリ回路に格納されている後置記法の式を順次取り出し式の計算を行う回路（式計算回路），命令レジスタに格納されている 16 ビットデータの上位 8 ビットをアドレス，下位 8 ビットをデータとしてメモリ回路への書き込みを行う回路（拡張命令フェッチ回路）。

◆本章の構成（キーワード）

3.1　演算スタック回路

　　　中置記法，後置記法，後置記法の式計算，プッシュ操作，ポップ操作

3.2　命令フェッチ回路

　　　プログラムカウンタ，命令レジスタ，ステートマシン回路

3.3　式計算回路

　　　後置記法，オペランド，演算，スタック

3.4　拡張命令フェッチ回路

　　　アドレスバス，データバス，ハイインピーダンス，メモリ回路への書き込み

◆本章を学ぶと以下の内容をマスターできます

☞　中置記法の式を後置記法に変換しスタック上で計算する方法

☞　メモリ回路から機械語コードを取り出し命令レジスタに書き込む回路の設計法

☞　メモリ回路に格納されている後置記法の式を順次取り出し式の計算を行う回路設計法

☞　命令レジスタに格納されている 16 ビットデータに基づいてメモリにデータを書き込む回路の設計法

3.1   演算スタック回路

算術論理演算回路のモジュール alu とスタック回路のモジュール stack を
接続して演算スタック回路 opstack を設計する。

3.1.1   中置記法と後置記法

普段われわれが数式を表すのに用いているのは**中置記法**であり，二項演算子
を**オペランド**（演算の対象となる数値や変数）の間に置く。一方，**後置記法**で
は，二項演算子はオペランドの後に置かれる。例えば，中置記法 a+b では，二項
演算子 + がオペランド a と b の間に書かれる。これを後置記法で書くと，+ が
オペランドの後に置かれ，ab+ となる。例えば，中置記法の式 a*b+c と a+b*c
は，後置記法の式 ab*c+ と abc*+ にそれぞれ変換される。後置記法は**日本語記
法**とも呼ばれ，日本語で式を先頭から読めば，正しい計算手順の説明になって
いる。ab*c+ は「a と b を掛けて，c を足す」と読むことができ，abc*+ は「a
に，b と c を掛けたものを足す」となる。

　中置記法では単項演算子をオペランドの前に書くが，後置記法では後になる。
例えば，a に符号反転の単項演算「−」を行う場合，中置記法では −a と書くが，後
置記法では a− となる。よって，中置記法の a−−b は，「a から b の符号反転を引
く」と読むことができ，後置記法では ab−− となる。一方，中置記法の −(a−b) は，
「a から b の引いたものの符号反転」と読むことができ，後置記法では ab−− と同
じものになり区別ができない。よって，この節では，単項演算子の符号反転「−」
を「@」と書くことにする。したがって，中置記法 a−@b の後置記法は ab@− と
なり，中置記法 @(a−b) の後置記法は ab−@ となる。

　中置記法の式を後置記法に機械的に変換する方法を説明する。まず，処理の
都合上，中置記法の式全体を，[式] と角かっこで囲む。角かっこで囲まれた式の
中で最も最後に計算される演算子を見つける。その演算子が単項演算子の場合，
つまり式が（単項演算子）（残りの式）の形の場合，単項演算子を後ろにもって

くるように変換する。

[（単項演算子）（残りの式）] → [残りの式]（単項演算子）

最後に計算されるのが二項演算子の場合，つまり式の形が（左の式）（二項演算子）（右の式）の場合，二項演算子を後ろにもってくるように書き換える。

[（左の式）（二項演算子）（右の式）] → [左の式][右の式]（二項演算子）

この二つの変換規則が適用できなくなるまで角かっこの中の式に対して，繰り返し適用する。適用できる規則がなくなったとき，すべての角かっこを消去すると，後置記法の式が得られる。具体的に，中置記法の式 a+b*@(c+d)-e を後置記法に変換する。

$$[a+b*@(c+d)-e] \rightarrow [a+b*@(c+d)][e]-$$
$$\rightarrow [a][b*@(c+d)]+[e]-$$
$$\rightarrow [a][b][@(c+d)]*+[e]-$$
$$\rightarrow [a][b][(c+d)]@*+[e]-$$
$$\rightarrow [a][b][c][d]+@*+[e]-$$
$$\rightarrow abcd+@*+e-$$

後置記法で与えられた式の計算をスタックを用いて行うことができる。後置記法の式を先頭から読みながら，**図 3.1** に示した操作をスタックに行う。

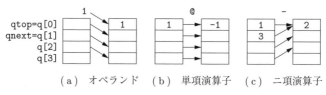

（a）オペランド （b）単項演算子 （c）二項演算子

図 3.1 スタックを用いた後置記法の式の計算方法

オペランドの場合 プッシュ操作でオペランドの値をスタックへ追加する。例えば，図 (a) では，qtop にオペランドの値 1 が書き込まれ，同時に，q[0]，q[1]，q[2] の値がそれぞれ q[1]，q[2]，q[3] に移動する。

単項演算子の場合 スタックトップの値に単項演算を行い，結果をスタックトップに書き込む。例えば，図 (b) では，スタックトップ qtop の値 1 に単項演算 @ が行われ，その結果の値 −1 を qtop に書き込む。

二項演算子の場合 スタックの 2 番目とスタックトップの間で二項演算を行い，結果をスタックトップに書き込むと同時にスタックをポップする。例えば，図 (c) では，スタックの 2 番目 qnext の値 3 からスタックトップ qtop の値 1 を減算して得られた値 2 を qtop に書き込む。つまり，qnext-qtop を qtop に書き込む。ここで，qnext が二項演算子の左，qtop が二項演算の右であることに注意する。

中置記法の式 @(2+3*4)<5||6>7 を後置記法に変換した式 234*+@5<67>|| の計算をスタック上で行った計算過程が**表 3.1** である。最終的にスタックトップの値がその計算結果 1 となり，終了する。

表 3.1 後置記法の式 234*+@5<67>|| の計算

後置記法の式	2	3	4	*	+	@	5	<	6	7	>	||
スタック	2	3 2	4 3 2	12 2	14	-14	5 -14	1	6 1	7 6 1	0 1	1

3.1.2 演算スタック回路の設計

後置記法の式の計算を表 3.1 のようにスタック上で行う**演算スタック回路**を設計する。演算スタック回路は，算術論理演算回路のモジュール alu とスタック回路のモジュール stack をインスタンス化し，これら二つのモジュールを制御する。**図 3.2** は演算スタック回路の大まかな構造であり，**リスト 3.1** はその Verilog ソースコードである。演算スタック回路の入力ポートは 1 ビットの clk, num, op と 16 ビットの x である。出力ポートは 16 ビットの qtop であ

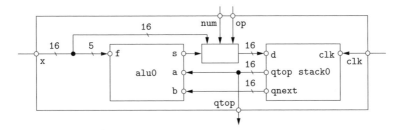

図 3.2 演算スタック回路の構造

リスト 3.1 演算スタック回路の Verilog ソースコード opstack.v

```
1  module opstack(clk,num,op,x,qtop);
2
3    input clk,num,op; // 1ビットの入力ポート
4    input [15:0] x; // 16ビットの入力ポートx
5    output [15:0] qtop; // 16ビットの出力ポートqtop
6    wire [15:0] qnext,s; // 16ビットの配線qnext,s
7    wire load,push,pop; // 1ビットの配線
8    reg [15:0] d; // 16ビットの変数d
9
10   alu alu0(.a(qtop),.b(qnext),.f(x[4:0]),.s(s));
11   stack stack0(clk,load,push,pop,d,qtop,qnext);
12
13   assign load=num|op;
14   assign push=num;
15   assign pop=op&~x[4];
16
17   always @(num,op,x,s) // dの値を決める組み合わせ回路
18     if(num) d=x;
19     else if(op) d=s;
20     else d=16'hXXXX;
21
22 endmodule
```

り，これは演算スタック回路のスタックトップ qtop がそのまま出力される。入力ポート x には後置記法の数値もしくは演算子の種類が順次入力される。数値は 16 ビットであり，それがそのまま 16 ビットの x に入力される。演算子の種類はモジュール alu の 5 ビットの入力ポート f のものをそのまま使う。よって，x の下位 5 ビットを演算子の種類とみなす。数値が入力されるときは入力ポート num に 1 が入力され，演算子の場合は入力ポート op に 1 が入力される。

これら二つの入力ポートに 1 が同時に入力されることはない。

図 3.1 の操作をスタックに行うために，演算スタック回路内の算術論理演算回路とスタック回路の接続と制御をつぎのように行う。

- スタック回路の出力ポート qtop と qnext を算術論理演算回路の入力ポート a と b にそれぞれ接続する。
- 演算スタック回路の入力 x の下位 5 ビット，つまり x[4:0] を算術論理演算回路の入力ポート f に接続する。
- スタック回路の入力ポート d には，num が 1 のとき x を入力し（図 3.1（a）に対応），op が 1 のときは，s を入力する（図（b），（c）に対応）。
- num が 1 のときは，スタック回路の load と push を 1 にする（図（a））。op が 1 のときは，単項演算（図（b））と二項演算（図（c））で動作が異なる。単項演算のときは，load を 1 とし，二項演算のときは，load と pop を 1 とする。表 1.4 より，x[4] が 1 のときは単項演算で 0 のときは二項演算である。したがって，load には num|op，push には num，pop には op&~x[4] をそれぞれ接続すればよい。

これらを踏まえて演算スタック回路を記述したのがリスト 3.1 である。10 行目と 11 行目で，モジュール alu と stack をインスタンス化している。13 行目から 15 行目で，配線 load, push, pop の値を assign 文で定義している。これらの配線は 7 行目で宣言されており，11 行目でモジュール stack の同じ名前の入力ポートに接続している。17 行目の always 文で変数 d への値を決定している。変数 d は 8 行目で宣言されており，11 行目のモジュール stack の入力ポート d に接続している。

リスト **3.2** は，表 3.1 の計算を行うためのテストベンチである。1 行目の include 文で，リスト 1.19 の alu_d.v を読み込んでいる。8 行目で演算スタック回路 opstack をインスタンス化している。13 行目の initial 文で表 3.1 の計算を行うように，num, op, x を設定している。alu_d.v を読み込んでいるので，例えば `MUL は 5'b00010 に置き換えられる。

図 **3.3** は，演算スタック回路のテストベンチをシミュレーションした結果得

リスト **3.2** 演算スタック回路のテストベンチ opstack_tb.v

```
1  `include "alu_d.v"
2  module opstack_tb;
3
4    reg clk,num,op; // 1ビットの変数clk,num,op
5    reg [15:0] x; // 16ビットの変数x
6    wire [15:0] qtop; // 16ビットの配線qtop
7
8    opstack opstack0(clk,num,op,x,qtop);
9
10   initial  clk=0;
11   always #50 clk=~clk;
12
13   initial begin // 後置記法のオペランド・演算をxに代入
14     $dumpvars;
15     num = 1; op = 0; x = 2; #100
16     num = 1; op = 0; x = 3; #100
17     num = 1; op = 0; x = 4; #100
18     num = 0; op = 1; x = `MUL; #100
19     num = 0; op = 1; x = `ADD; #100
20     num = 0; op = 1; x = `NEG; #100
21     num = 1; op = 0; x = 5; #100
22     num = 0; op = 1; x = `LT; #100
23     num = 1; op = 0; x = 6; #100
24     num = 1; op = 0; x = 7; #100
25     num = 0; op = 1; x = `GT; #100
26     num = 0; op = 1; x = `OR; #100
27     $finish;
28   end
29
30 endmodule
```

られるタイミングチャートである。x, qtop, qnext, s の値は 16 ビットのビット列を 2 の補数とみなしたときの値を 10 進数で表示している。モジュール alu の入力ポート f へ入力される値は x の下位 5 ビットであり，それをビット列と対応する演算の種類の両方で表している。表 3.1 のスタックの値と，図 3.3 の qtop と qnext の値が一致していることが確認できる。

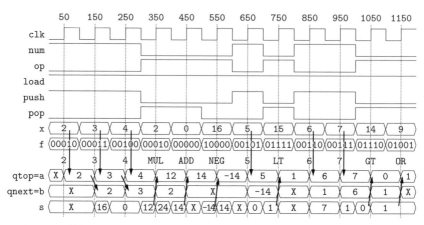

図 3.3 演算スタック回路のテストベンチ（リスト 3.2）によるシミュレーションの
タイミングチャート

3.2 命令フェッチ回路

　TinyCPU では，機械語コードの列である**機械語プログラム**はメモリ回路に
格納されており，それを読み出し**命令レジスタ**に書き込む操作（命令フェッチ）
が行われる。フェッチ（fetch）とは英語で「取ってくる」を意味する。読み出
す番地はプログラムカウンタが格納しており，命令フェッチが行われるたびに，
プログラムカウンタの値が 1 増える。プログラムカウンタの初期値は 0 なの
で，メモリの 0 番地から順に格納されている機械語コードが読み出され，命令
レジスタに格納される。この命令フェッチだけを行う**命令フェッチ回路**を設計
する。TinyCPU ではこの命令レジスタに格納された機械語コードをもとに状
態 EXEC で動作するが，ここで設計する命令フェッチ回路ではその動作は行わ
ない。

　図 3.4 が命令フェッチ回路の構造であり，**リスト 3.3** がその Verilog ソース
コードである。命令フェッチ回路は，四つの回路から構成される。

state0 ステートマシン回路のモジュール **state**（リスト 2.8）をインスタン

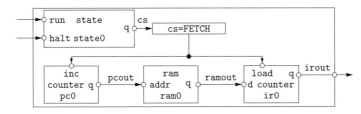

図 3.4 命令フェッチ回路の構造

リスト 3.3 命令フェッチ回路の Verilog ソースコード fetch.v

```
1  `include "state_d.v"
2  module fetch(clk,rst_n,run,halt,irout);
3
4    input clk,rst_n,run,halt; // 1ビットの入力ポート
5    output [15:0] irout; // 16ビットの出力ポートirout
6    wire [1:0] cs; // 2ビットの配線cs
7    wire [11:0] pcout; // 12ビットの配線pcout
8    wire [15:0] ramout; // 16ビットの配線ramout
9
10   state state0(.clk(clk),.rst_n(rst_n),.run(run),.halt(halt),.q(cs));
11   counter #(12) pc0(.clk(clk),.rst_n(rst_n),.load(1'b0),
         .inc(cs==`FETCH),.q(pcout));
12   counter #(16) ir0(.clk(clk),.rst_n(rst_n),.load(cs==`FETCH),
         .inc(1'b0),.d(ramout),.q(irout));
13   ram ram0(.clk(clk),.load(1'b0),.addr(pcout),.q(ramout));
14
15   endmodule
```

ス化。状態制御を行う。

pc0 カウンタ回路のモジュール counter（リスト 2.5）のパラメータ N を 12
ビットとしてインスタンス化したプログラムカウンタ。

ir0 モジュール counter のパラメータ N を 16 ビットとしてインスタンス化
した命令レジスタ。

ram0 メモリ回路のモジュール ram（リスト 2.12）をインスタンス化。

命令フェッチ回路は，ステートマシン回路の状態 FETCH のときに，メモリ
回路の出力を命令レジスタに書き込み，同時にプログラムカウンタの値を1増や
す動作を行う。この動作を実現するのがリスト 3.3 のモジュール fetch である。

1 行目でステートマシン回路で用いた \`FETCH の値の定義を用いるので,
state_d.v（リスト 2.7）を読み込んでいる。

6 行目でステートマシン回路が保持する現在の状態の出力を接続する配線 cs
を宣言している。7 行目でプログラムカウンタの 12 ビットの出力を接続する配
線 pcout, 8 行目でメモリ回路の 16 ビットの出力を接続する配線 ramout を宣
言している。

10 行目でステートマシン回路をインスタンス化しており, 出力ポート q を配
線 cs に接続している。

11 行目でカウンタ回路を 12 ビットとしてインスタンス化しプログラムカウ
ンタ pc0 としている。入力ポート inc を cs==\`FETCH としているので, cs の
値が \`FETCH のとき, つまり 2'b01 のときに inc が 1 となる。また, 出力ポー
ト q を配線 pcout に接続している。入力ポート d は使わないので, 省略して
いる。

12 行目でカウンタ回路を 16 ビットとしてインスタンス化し命令レジスタ ir0
としている。入力ポート load を cs==\`FETCH としているので, 状態が FETCH
のときに load が 1 となる。また, 出力ポート q を配線（出力ポート）irout
に接続している。

13 行目でメモリ回路をインスタンス化している。アドレス入力ポート addr
に配線 pcout を接続し, 出力ポート q に ramout を接続している。メモリ回路
に書き込みは行わないので, 入力ポート load は 1'b0 を入力しており, 入力
ポート d は省略している。

以上により, ステートマシンの状態 FETCH のときに, プログラムカウンタ
pc0 の値が 1 増え, 同時にメモリ回路 ram0 の出力が命令レジスタ ir0 に書き
込まれる。

命令フェッチ回路のテストベンチを用いて命令フェッチ回路のシミュレー
ションを行う。リスト **3.4** がそのテストベンチである。6 行目で命令フェッチ
回路のモジュール fetch をインスタンス化している。11 行目からの initial 文
で rst_n, run, halt の三つの値を決定している。最初は rst_n の値が 0 な

リスト **3.4** 命令フェッチ回路のテストベンチ `fetch_tb.v`

```
1  module fetch_tb;
2
3    reg clk,rst_n,run,halt; // 1ビットの変数
4    wire [15:0] irout; // 16ビットの配線irout
5
6    fetch fetch0(clk,rst_n,run,halt,irout);
7
8    initial clk=0; // 100単位時間周期のclk
9    always #50 clk=~clk;
10
11   initial begin
12     $dumpvars;
13     rst_n=0; run=0; halt=0; #100
14     rst_n=1; run=1; #100
15     run=0; #700
16     halt=1; #200
17     $finish;
18   end
19
20 endmodule
```

ので，非同期リセットとなり，100 単位時間後に `rst_n` と `run` を 1 にすることにより，時刻 150 の `clk` の立ち上がりで命令フェッチ回路内のステートマシンの状態が FETCH に遷移する。つまり `cs` の値が 01 となり，動作を開始する。時刻 200 に `run` を 0 とし，700 単位時間後の時刻 900 に `halt` を 1 とする。

図 **3.5** は，命令フェッチ回路のテストベンチ（リスト 3.4）をシミュレーショ

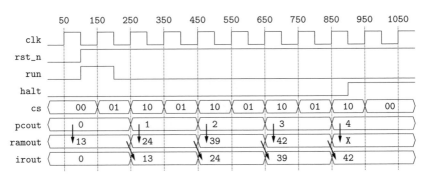

図 **3.5** 命令フェッチ回路のテストベンチ（リスト 3.4）によるシミュレーションのタイミングチャート

ンした結果のタイミングチャートである。メモリ回路 ram は，リスト 2.12 を
そのまま用い，0 番地から 3 番地まで初期値が設定されているものとする。

最初は rst_n が 0 なので，非同期リセットが行われ，pcout と irout の値
は 0 となる。よって，ramout はメモリの 0 番地の値 13 が出力されている。

時刻 150 で run の値は 1 なので，ステートマシン回路の状態が 00（IDLE）
から 01（FETCH）に遷移して，動作が開始する。

時刻 250 の clk の立ち上がりで，ramout の値 13 が命令レジスタに書き込
まれ，irout の値が 13 になる。同時にプログラムカウンタの値が 1 増えて，
pcout の値が 1 となる。ここで，(1) 命令レジスタに書き込み，(2) プログラ
ムカウンタの値が 1 増える，(3) ステートマシン回路の状態が EXEC に遷移す
る，の三つの動作は同時に行われることに注意する。よって，命令レジスタへ
書き込まれるのは時刻 250 の直前の値 13 である。その後，pcout の値が 1 に
なるので，ramout の値は，1 番地の値 24 となる。

時刻 350 の clk の立ち上がりは状態が 10（EXEC）なので，状態が
01（FETCH）に遷移するが，プログラムカウンタと命令レジスタの値は変わ
らない。

時刻 450 の clk の立ち上がりで，同様に (1)，(2)，(3) の三つの動作が同時
に行われる。同じ動作を繰り返し，時刻 850 の clk の立ち上がりでは，プログ
ラムカウンタの値 pcout が 4 になるが，メモリ回路のモジュール ram では 4 番
地の値は定義していないので，出力 ramout の値は不定値 X となる。

時刻 950 の clk の立ち上がりでは，halt の値が 1 なので，ステートマシン
回路の状態が 00（IDLE）となる。タイミングチャート全体において，命令レ
ジスタにメモリの 0 番地から 3 番地の値が順に書き込まれており，命令フェッ
チ回路が正しく動作していることが確認できる。

3.3   式 計 算 回 路

後置記法の式がメモリに格納されていて，その式をメモリから読み出して計算する**式計算回路**を設計する。そのために，演算スタック回路（リスト 3.1）を命令フェッチ回路（リスト 3.3）に組み込む。命令レジスタに格納されたメモリの値を演算スタック回路 opstack の入力ポート x に入力して，式の計算を行う。このとき，命令レジスタの最上位ビットが 0 のときは残りの 15 ビットが数値であり，1 のときは下位 5 ビットが演算の種類を指定するものとする。例えば，後置記法の式 2 3 * を計算する場合は，メモリ回路のモジュール ram（リスト 2.12) の初期化部分をつぎのように書き換えればよい。

```
mem[0]=2; // 16'h0002
mem[1]=3; // 16'h0003
mem[2]=`MUL|16'h8000; // 16'h8002
```

ここで，16'h0002 は 16 進数で表された 16 ビットのビット列であることに注意する。2 番地の値を `MUL（つまり 16'h0002）と 16'h8000 の論理和，つまり，16'h8002 としている。これによりオペランドと演算を最上位ビットの値で区別できる。命令フェッチ回路と同じく，ステートマシン回路の状態が FETCH のときは，命令フェッチを行う。状態が EXEC のときに，演算スタック回路が動作し，命令レジスタが格納する 16 ビットの値に従って，スタックへのオペランドのプッシュ操作や演算を行う。

リスト **3.5** は式計算回路の Verilog ソースコードである。15 行目で演算スタック回路のモジュール opstack をインスタンス化している。演算スタック回路の x に命令ジスタの出力 irout を接続している。演算スタック回路の入力ポート num, op は同じ名前の配線（9 行目の wire 文で宣言）に接続しており，17 行目と 18 行目の assign 文でそれらの値を決定している。num が 1 となるのは，演算スタック回路の x に数値が入力されるとき，つまりステートマシンの

リスト **3.5** 式計算回路の Verilog ソースコード `formula.v`

```verilog
`include "state_d.v"
module formula(clk,rst_n,run,qtop);

  input clk,rst_n,run; // 1ビットの入力ポート
  output [15:0] qtop; // 16ビットの出力ポートqtop
  wire [1:0] cs; // 2ビットの配線cs
  wire [11:0] pcout; // 12ビットの配線pcout
  wire [15:0] ramout,irout; // 16ビットの配線ramout,irout
  wire num,op; // 1ビットの配線num,op

  state state0(.clk(clk),.rst_n(rst_n),.run(run),.halt(1'b0),.q(cs));
  counter #(12) pc0(.clk(clk),.rst_n(rst_n),.load(1'b0),
        .inc(cs==`FETCH),.q(pcout));
  counter #(16) ir0(.clk(clk),.rst_n(rst_n),.load(cs==`FETCH),
        .inc(1'b0),.d(ramout),.q(irout));
  ram ram0(.clk(clk),.load(1'b0),.addr(pcout),.q(ramout));
  opstack opstack0(.clk(clk),.num(num),.op(op),.x(irout),.qtop(qtop));

  assign num=(cs==`EXEC)&&~irout[15];
  assign op=(cs==`EXEC)&&irout[15];

endmodule
```

リスト **3.6** 式計算回路のテストベンチ `formula_tb.v`

```verilog
module formula_tb;

  reg clk,rst_n,run;  // 1ビットの変数
  wire [15:0] qtop; // 16ビットの配線qtop

  formula formula0(clk,rst_n,run,qtop);

  initial clk=0; // 100単位時間周期のclk
  always #50 clk=~clk;

  initial begin
    $dumpvars;
    rst_n=0; run=0; #100
    rst_n=1; run=1; #100
    run=0; #2700
    $finish;
  end

endmodule
```

状態が EXEC で irout[15]（命令レジスタの最上位ビット）が 0 のときである。また，op が 1 となるのは，演算スタックの x に演算の種類が入力されるとき，つまりステートマシンの状態が EXEC で irout[15] が 1 のときである。

リスト 3.6 は式計算回路（リスト 3.5）のためのテストベンチである。6 行目で式計算回路をインスタンス化しており，11 行目からの initial 文で rst_n と run の値を設定している。

リスト 3.7 は，式計算回路のテストベンチのためのメモリ回路である。`MUL などを用いるため，1 行目で alu_d.v（リスト 1.19）を読み込んでいる。15 行

リスト **3.7** 式計算回路のテストベンチのためのメモリ回路 ram.v

```
1  `include "alu_d.v"
2  module ram(clk,load,addr,d,q);
3    parameter M=12,N=16;
4
5    input clk,load;
6    input [M-1:0] addr;
7    input [N-1:0] d;
8    output [N-1:0] q;
9    reg [N-1:0] mem[0:2**M-1];
10
11   assign q=mem[addr];
12
13   always @(posedge clk) if(load) mem[addr]<=d;
14
15   initial begin // メモリの初期値を後置記法とする
16     mem[0]=2;
17     mem[1]=3;
18     mem[2]=4;
19     mem[3]=`MUL|16'h8000;
20     mem[4]=`ADD|16'h8000;
21     mem[5]=`NEG|16'h8000;
22     mem[6]=5;
23     mem[7]=`LT|16'h8000;
24     mem[8]=6;
25     mem[9]=7;
26     mem[10]=`GT|16'h8000;
27     mem[11]=`OR|16'h8000;
28   end
29
30 endmodule
```

目からの initial 文でメモリの初期値を表 3.1 で用いた後置記法の式を計算する
ように設定している。

図 **3.6** は式計算回路のテストベンチを用いたシミュレーションにより得られ
るタイミングチャートの一部である。ステートマシンの状態 cs が 01（EXEC）
のときの clk の立ち上がりで，演算スタック回路が動作し，スタックの値 qtop
と qnext が変更されている。これらの値から，最初の部分の 2 3 4 * + @ が
正しく計算されていることが確認できる。

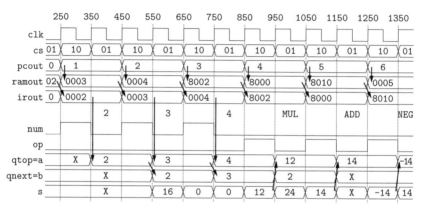

図 **3.6**　式計算回路のテストベンチ（リスト 3.6）によるシミュレーションのタイミング
　　　　チャート（一部）

3.4　　拡張命令フェッチ回路

命令フェッチ回路を拡張して，命令レジスタの値によって，メモリの読み書
きを行う回路を設計する。この回路はバスを用いるので，まず，2 通りのバス
の設計法を説明する。

3.4.1　バ　　　　　ス

複数の回路部品間でデータのやり取りをする場合，バスを用いることによっ
て，データの経路を共通化することができ，効率がよくなる。例えば，図 **3.7** で

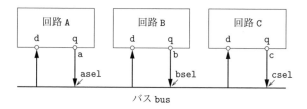

図 **3.7** 三つの回路を接続するバス

は三つの回路が一つのバスに接続している。この三つの回路間のデータのやり取りをバスを通して行う。a, b, c が回路の出力であり，asel, csel, bsel で，どの回路の出力がバス bus に書き込まれるかを決定する。例えば asel が 1 なら，a が bus に書き込まれる。書き込みの衝突は考えず，asel, bsel, csel のうちたかだか一つだけが 1 になるものとする。bus は三つの回路の入力ポート d に接続されているので，三つの回路は必要に応じて bus の値を読み出すことができる。したがって，バスを用いて 1 対多のデータ通信を行うことができる。

バスの機能を Verilog ソースコードで記述する二つの方法，always 文を用いる方法と assign 文を用いる方法をそれぞれ説明する。**リスト 3.8** は always 文を用いたバスの記述法である。always 文を用いるので，bus は reg 文で宣言された変数である。ここで bus は 16 ビットとしている。asel, bsel, csel の三つのうち 1 であるものに対応する a, b, c のうち一つが bus に書き込まれる。これら三つがすべて 0 の場合は，16 ビットの不定値 16'hXXXX が bus に書き込まれる。これはドントケアを意味し，すべて 0 の場合 bus にはどんな値が書き込まれるかわからないことを意味する。この不定値の書き込みを省略す

リスト **3.8** always 文を用いたバス

```
1  reg [15:0] bus; // 16ビットの変数バス
2
3  always @(a,b,c,asel,bsel,csel) // busの値を決める
4    if(asel) bus=a; // aselが1のときはa
5    else if(bsel) bus=b; // bselが1のときはb
6    else if(csel) bus=c; // cselが1のときはc
7    else bus=16'hXXXX;
```

ると，bus の値は変化しないという仕様になり，論理合成ツールは記憶回路を
生成し，意図しない回路になってしまうので，省略することはできない。

　リスト **3.9** は assign 文を用いたバスの記述法である。assign 文を用いるの
で，bus は wire 文を用いて宣言された配線である。三つの assign 文の左辺が
すべて bus であり，条件演算を使っており，例えば 3 行目では asel が 1 のと
きは，a が bus に書き込まれ，0 のときは 16'hZZZZ が書き込まれる。ここで，
Z はハイインピーダンスを表し，直感的にはデータがないことを意味する。ハ
イインピーダンスでない他のデータの書き込みがあった場合，その書き込みが
優先する。したがって，asel，bsel，csel のうち一つだけが 1 で残りの二つ
が 0 の場合，1 に対応する a，b，c のうちの一つが bus の値となる。すべて 0
の場合は，bus の値は，ハイインピーダンス 16'hZZZZ となる。

リスト **3.9**　assign 文を用いたバス

```
1  wire [15:0] bus; // 16ビットの配線bus
2
3  assign bus=asel?a:16'hZZZZ; // aselが1のときはa
4  assign bus=bsel?b:16'hZZZZ; // bselが1のときはb
5  assign bus=csel?c:16'hZZZZ; // cselが1のときはc
```

3.4.2　バスを用いた拡張命令フェッチ回路

　拡張命令フェッチ回路は，命令フェッチ回路を拡張したものである。状態
EXEC において，命令レジスタに格納されている 16 ビットの値の上位 8 ビッ
トをアドレス，下位 8 ビットをデータとしてメモリ回路に書き込みを行う。ア
ドレスは 12 ビットなので，上位 8 ビットだけでは 4 ビット不足する。そこで，
4 ビットの 0 を上位に付加し，12 ビットのアドレスとする。これを**ビット拡
張**と呼ぶ。同様に，下位 8 ビットの上位に 8 ビットの 0 を付加して，16 ビット
のデータとする。例えば，メモリ回路の 0 番地の値を 16'h10AA とする。状態
FETCH のときにこの値が命令レジスタに書き込まれる。そして，命令レジス
タの上位 8 ビットを取り出しその上に 4 ビットの 0 を追加した値 12'h010 を

番地とし，下位 8 ビットの上位に 8 ビットの 0 を追加した値 16'h00AA をデータとしてメモリ回路に書き込みを行う。つまり，mem[12'h010] に 16'h00AA が代入される。

この拡張命令フェッチ回路をバスを用いて設計する。主にアドレスに関する値をやり取りするための 12 ビットの**アドレスバス abus** と，データをやり取りするための 16 ビットの**データバス dbus** の二つを用いる。図 **3.8** が拡張命令フェッチ回路の大まかな構造である。

- 12 ビットのアドレスバス abus はメモリのアドレス入力 addr に接続している。状態 FETCH では，プログラムカウンタの出力 pcout が abus に書き込まれる。状態 EXEC では，命令レジスタの出力 irout の上位 8 ビットに 4 ビットの 0 を上位に付加した 12 ビットが abus に書き込まれる。

- 16 ビットのデータバス dbus は，命令レジスタの入力 d とメモリのデータ入力 d に接続している。状態 FETCH では，メモリ回路の出力 ramout が dbus に書き込まれる。状態 EXEC では，命令レジスタの出力 irout の下位 8 ビットに 8 ビットの 0 を上位に付加した 16 ビットが dbus に書き込まれる。

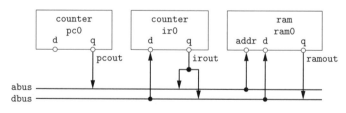

図 **3.8**　拡張命令フェッチ回路の構造

以上を踏まえて設計したのが**リスト 3.10** である。命令フェッチ回路 fetch.v（リスト 3.3）を拡張したものとなっている。

リスト 3.8 の always 文を用いたバスの方法を用いて，アドレスバス abus に書き込まれる値を 15 行目からの always 文で決定している。そのため，8 行目の reg 文で変数 abus を宣言している。状態が FETCH のときには pcout，EXEC

リスト **3.10** 拡張命令フェッチ回路の Verilog ソースコード exfetch.v

```
1  `include "state_d.v"
2  module exfetch(clk,rst_n,run,halt);
3
4    input clk,rst_n,run,halt;
5    wire [1:0] cs; // 2ビットの配線cs
6    wire [11:0] pcout; // 12ビットの配線pcout
7    wire [15:0] irout,ramout,dbus; // 16ビットの配線
8    reg [11:0] abus; // 12ビットの変数abus
9
10   state state0(.clk(clk),.rst_n(rst_n),.run(run),.halt(halt),.q(cs));
11   counter #(12) pc0(.clk(clk),.rst_n(rst_n),.load(1'b0),
         .inc(cs==`FETCH),.q(pcout));
12   counter #(16) ir0(.clk(clk),.rst_n(rst_n),.load(cs==`FETCH),
         .inc(1'b0),.d(ramout),.q(irout));
13   ram ram0(.clk(clk),.load(cs==`EXEC),.addr(abus),.d(dbus),.q(ramout));
14
15   always @(cs,pcout,irout)
16     if(cs==`FETCH) abus=pcout;
17     else if(cs==`EXEC) abus={4'h0,irout[15:8]};
18     else abus=12'hXXX;
19
20   assign dbus=(cs==`FETCH)?ramout:16'hZZZZ;
21   assign dbus=(cs==`EXEC)?{8'h00,irout[7:0]}:16'hZZZZ;
22
23 endmodule
```

のときには {4'h0,irout[15:8]}（4 ビットの 0 と irout の上位 8 ビットとを連結した 12 ビット）を書き込んでいる。

リスト 3.9 の assign 文を用いたバスの方法を用いて，データバス dbus に書き込まれる値を 20 行目と 21 行目の assign 文で決定している。そのため，7 行目の wire 文で配線 dbus を宣言している。状態が FETCH のときには ramout，EXEC のときには {8'h00,irout[7:0]}（8 ビットの 0 と irout の下位 8 ビットとを連結した 16 ビット）を書き込んでいる。

拡張命令フェッチ回路のシミュレーションは，リスト 3.4 の命令フェッチ回路のためのテストベンチをほぼそのまま使うことができる。6 行目のインスタンス化をモジュール exfetch に対して行うように変更し，不要な出力ポート irout を削除すればよい。

メモリ回路のモジュール ram の初期値をつぎのように定める。

mem[0]=16'h10AA; // 010 番地に AA を書き込み

mem[1]=16'h20BB; // 020 番地に BB を書き込み

mem[2]=16'h10CC; // 010 番地に CC を書き込み

mem[3]=16'h20DD; // 020 番地に DD を書き込み

そして，拡張命令フェッチ回路のシミュレーションを行うと，**図 3.9** のタイミングチャートが得られる。

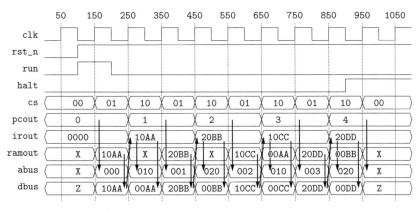

図 3.9　拡張命令フェッチ回路のテストベンチによるシミュレーションの
タイミングチャート

最初の状態 FETCH での clk の立ち上がりは時刻 250 である。このとき，プログラムカウンタの値 0 はアドレスバス abus を通してメモリ回路の addr に入力されている。よってメモリの出力は 0 番地の値 10AA である。この値がデータバス dbus を通して，命令レジスタの d に入力され，clk の立ち上がりで，命令レジスタに書き込まれる。よって，立ち上がり後，命令レジスタの出力 irout は 10AA となる。

つぎの時刻 350 の clk 立ち上がり時は，状態 EXEC である。irout の値の上位の値に 4 ビットの 0 を付加した 010 が abus に書き込まれ，下位の値に 8 ビットの 0 を付加した 00AA が dbus に書き込まれる。これらのアドレスとデータ

がメモリ回路に入力されており，書き込みが行われるので，010 番地に 00AA
が書き込まれる。

つづいて，メモリの 1 番地の値が 20BB なので，メモリの 020 番地に 00BB
が書き込まれる。

そして，メモリの 2 番地の値 10CC に従った書き込みが時刻 650 の clk の立
ち上がりから行われる。この立ち上がりで，値 10CC が命令レジスタに書き込
まれ，irout の値が 10CC になる。irout の値の上位の値に 4 ビットの 0 を付
加した 010 が abus に書き込まれるので，ramout には，010 番地の値が出力さ
れる。この値は，00AA なので，時刻 350 に行った書き込みが正しく行われた
ことが確認できる。

また，時刻 550 に 020 番地に値 00BB を書き込んでいるが，この値は時刻
850 に ramout から出力されており，書き込みが正しく行われたことが同様に
確認できる。以上より，拡張命令フェッチ回路が正しく動作していることがわ
かる。

演習問題

【3.1】 つぎの中置記法の式を後置記法に変換せよ。変換の手順も示すこと。
　(1)　a+(b-(c+d*e))
　(2)　a+b-c+d-e*f
　(3)　(a+b*c<d)&&!(a>d-e)

【3.2】 つぎの中置記法の式を後置記法に変換し，スタック上でどのように計算さ
れるか示せ。また，演算スタック回路のテストベンチ（リスト 3.2）を変更
し，この後置記法の式を計算するシミュレーションを行え。さらに，式計算
回路を用いて，この後置記法の式を計算せよ。
　(1)　1+(2+3*4-5)-6
　(2)　1+2*(3+4*5-6*7)
　(3)　(1+2>3*4)||!(5<6)&&(7>8)

【3.3】 演算スタック回路（リスト 3.1）を改造し，d の値を always 文でなく，assign
文を用いて定義するようにせよ。

【**3.4**】　命令フェッチ回路（リスト 3.3）を改造し，メモリの値が `16'h0000` のときは，状態 EXEC から状態 IDLE に遷移し，停止するようにせよ。

【**3.5**】　式計算回路（リスト 3.5）の構造を図示せよ。

【**3.6**】　式計算回路（リスト 3.5）を改造し，メモリの値が `16'hFFFF` のときは，状態 EXEC から状態 IDLE に遷移し，停止するようにせよ。

【**3.7**】　リスト 3.8 のバスを case 文を用いて記述せよ。

【**3.8**】　拡張命令フェッチ回路（リスト 3.10）を改造し，アドレスバス abus を assign 文，データバス dbus を always 文を用いるようにせよ。

4章

TinyCPU の設計

◆本章のテーマ

　TinyCPU の構造と機械語命令セットを理解し，これまでに設計したモジュールをインスタンス化し，組み合わせて TinyCPU を設計する。TinyCPU 用のアセンブリ言語 TinyASM によるプログラムを機械語プログラムに手動で変換するハンドアセンブルを学ぶ。機械語プログラムでメモリ回路を初期化し，TinyCPU での機械語プログラムの実行のシミュレーションを行う。

◆本章の構成（キーワード）

4.1　TinyCPU の構成部品と機械語コード
　　　機械語命令，機械語コード，アセンブリコード，ニーモニック
4.2　TinyCPU の構造と動作
　　　TinyCPU の制御線，TinyCPU の動作
4.3　TinyCPU の Verilog ソースコード
　　　モジュールのインスタンス化，制御線の値の決定
4.4　TinyCPU の簡単なプログラム例
　　　機械語プログラム，アセンブリ言語プログラム，TinyASM，ハンドアセンブル
4.5　TinyCPU のテストベンチとシミュレーション
　　　メモリ形式の機械語プログラム，TinyCPU のテストベンチ

◆本章を学ぶと以下の内容をマスターできます

☞　TinyCPU の構造
☞　assign 文による制御線の決定方法
☞　機械語プログラムをアセンブリ言語プログラムに手作業で変換するハンドアセンブルの方法
☞　テストベンチを用いた TinyCPU のシミュレーションの方法

4.1　TinyCPU の構成部品と機械語コード

これまでに説明してきたモジュールをインスタンス化した七つの回路，および アドレスバスとデータバスの九つの部品から TinyCPU は構成される。

state0　ステートマシン回路（モジュール state）：現在の状態を保持。

pc0　プログラムカウンタ（モジュール counter, 12 ビット）：つぎに実行する機械語コードの番地を格納。

ir0　命令レジスタ（モジュール counter, 16 ビット）：機械語コードを格納。

alu0　算術論理演算回路（モジュール alu）：算術論理演算を行う。

stack0　スタック回路（モジュール stack）：算術論理演算に用いるデータを格納。

ram0　メモリ回路（モジュール ram, データ 16 ビット, アドレス 12 ビット）：機械語プログラムやデータを格納。

out0　出力バッファ（モジュール counter, 16 ビット）：計算結果などのプログラムの出力を保持。

abus　アドレスバス（12 ビット）：アドレスに関する値を転送。

dbus　データバス（16 ビット）：機械語コードや演算に用いるデータを転送。

図 4.1 は TinyCPU の構成部品と構造の概略である。TinyCPU の入力ポートは 1 ビットの clk, rst_n, run の三つである。クロック clk は，組み合わせ回路である算術論理演算回路 alu0 を除く構成部品に接続され，立ち上がりのときに，なんらかの書き込み動作が行われる。非同期リセット rst_n は，ス

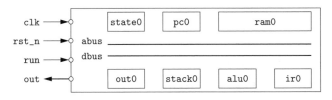

図 4.1　TinyCPU の構成部品と構造の概略

テートマシン回路 state0, プログラムカウンタ pc0, 命令レジスタ ir0, 出力
バッファ out0 に接続され，0 のときに内部に保持するデータが 0 になる。ス
テートマシン回路の場合は，状態が IDLE となる。TinyCPU の入力は，最初
は非同期リセット rst_n が 0 であり，一定時間経過後，例えば，100 単位時間
後に 1 となる。そして，run が 1 となり，その後のクロック clk の最初の立ち
上がりでステートマシン回路の状態が FETCH となり，TinyCPU の動作が開
始する。出力は 16 ビットの out であり，計算結果などを出力するのに用いる。

TinyCPU は，そのステートマシン回路の状態が FETCH のときに，命令
フェッチを行う。具体的には，プログラムカウンタに格納されている 12 ビット
の値を番地としてメモリ回路から 16 ビットの機械語コードを取り出し，命令レ
ジスタに格納する。状態が EXEC のときに命令レジスタに格納されている機
械語コードに従って動作する。

表 4.1 は TinyCPU の 9 種類の**機械語命令**の一覧（**機械語命令セット**）であ
る。ニーモニック（mnemonic）は，英語で「記憶を助ける工夫」を意味する
単語で，機械語命令に割り当てられた文字列である。ビット列である機械語命
令の動作を，人が推測しやすいよう決められている。この機械語命令を表す 16
ビットを**機械語コード**と呼び，4 桁の 16 進数で表される。16 ビットの機械語
コードは，上位の 4 ビットが機械語命令の種類を決めている。機械語コードに
よっては，残りの下位 12 ビットが機械語命令のオペランド X になっており，動
作の対象とする整数値やメモリの番地を指定する。また，ニーモニックを用い
た機械語命令の表現，例えば PUSHI X をアセンブリコードと呼ぶ。いま，X の
値が 1 のときに，PUSHI 1 はアセンブリコードであり，16'h1001 はそれに対
応する機械語コードである。

図 4.2 を参照しながら，各機械語命令の動作を説明する。この図では，プロ
グラムカウンタ（pc0, 12 ビット），命令レジスタ（ir0, 16 ビット），スタック
回路（qtop と qnext を含めた 4 要素からなる 16 ビットの配列），出力バッファ
（out0, 16 ビット），メモリ回路（ram0, データ 16 ビット，アドレス 12 ビッ
ト），算術論理演算回路（alu0, 16 ビットの入力 a, b, 出力 s）を示している。

表 **4.1** TinyCPU の機械語命令セット

ニーモニック		15	14	13	12	11:5	4	3	2	1	0	動　　作
		16 ビットの機械語コード										
1	HALT	0	0	0	0			−				停　　止
2	PUSHI X	0	0	0	1			X				X をプッシュ
3	PUSH X	0	0	1	0			X				X 番地をプッシュ
4	POP X	0	0	1	1			X				X 番地にポップ
5	JMP X	0	1	0	0			X				X 番地に分岐
6	JZ X	0	1	0	1			X				0 のとき分岐
7	JNZ X	0	1	1	0			X				0 でないとき分岐
8	OUT	1	1	1	0			−				出力バッファに出力
9	OP F	1	1	1	1	−			F			演算を行う
	ADD	1	1	1	1	−	0	0	0	0	0	qnext+qtop
	SUB	1	1	1	1	−	0	0	0	0	1	qnext-qtop
	MUL	1	1	1	1	−	0	0	0	1	0	qnext*qtop
	SHL	1	1	1	1	−	0	0	0	1	1	qnext<<qtop
	SHR	1	1	1	1	−	0	0	1	0	0	qnext>>qtop
	BAND	1	1	1	1	−	0	0	1	0	1	qnext&qtop
	BOR	1	1	1	1	−	0	0	1	1	0	qnext|qtop
	BXOR	1	1	1	1	−	0	0	1	1	1	qnext^qtop
	AND	1	1	1	1	−	0	1	0	0	0	qnext&&qtop
	OR	1	1	1	1	−	0	1	0	0	1	qnext||qtop
	EQ	1	1	1	1	−	0	1	0	1	0	qnext==qtop
	NE	1	1	1	1	−	0	1	0	1	1	qnext!=qtop
	GE	1	1	1	1	−	0	1	1	0	0	qnext>=qtop
	LE	1	1	1	1	−	0	1	1	0	1	qnext<=qtop
	GT	1	1	1	1	−	0	1	1	1	0	qnext>qtop
	LT	1	1	1	1	−	0	1	1	1	1	qnext<qtop
	NEG	1	1	1	1	−	1	0	0	0	0	-qtop
	BNOT	1	1	1	1	−	1	0	0	0	1	~qtop
	NOT	1	1	1	1	−	1	0	0	1	0	!qtop

HALT 命令（0000）　状態 IDLE に遷移し，TinyCPU は動作を停止する。

PUSHI 命令（0001）　12 ビットのオペランド X を 16 ビットに**符号拡張**したものをスタックにプッシュする（図(a)）。符号拡張とは，最上位ビットを上位に繰り返すことによりビットを拡張することである。これにより，2 の補数とみなしたときに，値が変わることなくビット数を増やすことができる。具体的には，12 ビットの X をビット列 $x_{11}x_{10}\cdots x_0$ とすると，最上位ビット x_{11} を上位に 4 回繰り返して，16 ビット $x_{11}x_{11}x_{11}x_{11}x_{11}x_{10}\cdots x_0$ とする。例えば，12 ビットの 1000 0000 0000 は 2 の補数とみなすと，

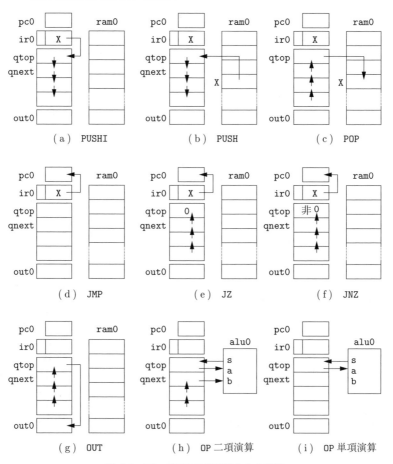

図 **4.2** TinyCPU の機械語命令の動作

値は −2048 である。0 で拡張した 16 ビットの 0000 1000 0000 0000 は,
2 の補数とみなすと値は 2048 になって,変わってしまう。一方,最上位
ビットの 1 を繰り返して拡張した 16 ビット 1111 1000 0000 0000 の値
は −2048 で変わらない。PUSHI 命令のオペランド X は 2 の補数とみな
すので,スタックにプッシュ操作を行う際には符号拡張を行う。

PUSH 命令 (0010) オペランド X を番地とみなし,メモリ回路の X 番地の
値 mem[X] をスタックにプッシュする(図 (b))。さらに,プログラム

カウンタの値（`pcout`）を 1 増やすために，制御線 *pcinc* も 1 にする。

POP 命令（0011）　スタックトップの値 `qtop` をメモリ回路の X 番地 `mem[X]` に書き込む。同時にスタックにポップ操作を行う（図 (c)）。

JMP 命令（0100）　X 番地に分岐する。つまり，プログラムカウンタに X を書き込むことにより，つぎの機械語コードの実行を X 番地からとする（図 (d)）。

JZ 命令（0101）　スタックトップ `qtop` が 0 ならば，X 番地に分岐する（図 (e)）。分岐するしないにかかわらず，同時にスタックにポップ操作を行う。

JNZ 命令（0110）　スタックトップ `qtop` が 0 でない（非 0）ならば，X 番地に分岐する（図 (f)）。同様にスタックにポップ操作を行う。

OUT 命令（1110）　スタックトップ `qtop` の値を出力バッファに書き込む（図 (g)）。同時にスタックにポップ操作を行う。

OP 命令（1111）　下位 5 ビットで指定された算術論理演算命令を実行する。この 5 ビットは，算術論理演算回路（表 1.4）の選択入力 f と一致する。よって，5 ビットの最上位ビットが 0 のときは二項演算であり，1 のときは単項演算である。二項演算のとき，例えば ADD のときは，スタックの 2 番目とトップの加算（`qnext+qtop`）を行い，その結果をスタックトップ `qtop` に書き込む（図 (h)）。同時にスタックにポップ操作を行う。単項演算のとき，例えば NEG のときは，スタックトップの符号反転（`-qtop`）をスタックトップ `qtop` に書き込む（図 (i)）。このとき，スタックのポップ操作は行わない。

4.2　TinyCPU の構造と動作

図 **4.3** の TinyCPU の構造は，図 4.1 を詳細に書いたものである。太線はバスやそれに接続する配線などであり，複数ビットのデータが転送される。斜体

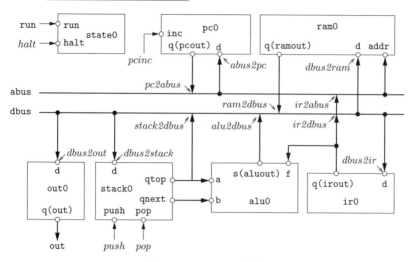

図 4.3　TinyCPU の構造

の名前（halt など）は制御線の名前を表している。これらは後で示す Verilog
ソースコードでは，reg 文を用いて 1 ビットの変数として宣言される。モジュー
ルを制御する 9 本の制御線と，アドレスバス abus とデータバス dbus への書
き込みを制御する 6 本の制御線の合わせて 15 本の制御線が用いられる。

　表 4.2 は，TinyCPU の七つの構成要素とそれらのポートの一覧である。構
成要素の全ポート名とその入出力の種別（入力 i と出力 o），ビット数，機能，
接続先が記載されている。構成要素の丸かっこ内は，その構成要素をインスタ
ンス化する際に用いるモジュールである。例えばプログラムカウンタ pc0 はモ
ジュール counter をインスタンス化したものである。接続先で斜体のものは制
御線であり，基本的に，その値が 1 のときにクロック clk の立ち上がりで機能
に書かれた動作が行われる。プログラムカウンタ pc の入力 load には，制御線
abus2pc が接続しており，abus2pc が 1 のとき，クロック clk の立ち上がりで
書き込みが行われる。入力 d にはアドレスバス abus が接続しているので，書
き込まれるのはこの abus の値である。よって，制御線名が abus2pc となって
おり，これは abus-to-pc（abus から pc）の -to- を英語の発音が同じ 2（two）
に置き換えて見た目で意味がわかりやすい名前にしている。他にも aaaa2bbbb

表 **4.2** TinyCPU の七つの構成要素とそれらのポートの一覧

構成要素	ポート	i/o	ビット数	機　能	接続先
state0	clk	i	1	クロック	clk
(state)	rst_n	i	1	非同期リセット	rst_n
ステート	run	i	1	実行開始	run
マシン回路	halt	i	1	実行停止	*halt*
	q	o	2	状態出力	cs
pc0	clk	i	1	クロック	clk
(counter)	rst_n	i	1	非同期リセット	rst_n
プログラム	inc	i	1	アドレスを1増加	*pcinc*
カウンタ	load	i	1	アドレス書き込み	*abus2pc*
	d	i	12	アドレス入力	abus
	q	o	12	アドレス出力	pcout
ir0	clk	i	1	クロック	clk
(counter)	rst_n	i	1	非同期リセット	rst_n
命令	load	i	1	機械語コード書き込み	*dbus2ir*
レジスタ	d	i	16	機械語コード入力	dbus
	q	o	16	機械語コード出力	irout
alu0	a	i	16	データ入力	qtop
(alu)	b	i	16	データ入力	qnext
算術論理	f	i	5	演算選択入力	irout[4:0]
演算回路	s	o	16	演算結果出力	aluout
stack0	clk	i	1	クロック	clk
(stack)	load	i	1	ロード	*dbus2stack*
スタック回路	push	i	1	プッシュ	*push*
	pop	i	1	ポップ	*pop*
	d	i	16	データ入力	dbus
	qtop	o	16	スタックトップ出力	qtop
	qnext	o	16	スタックの2番目出力	qnext
ram0	clk	i	1	クロック	clk
(ram)	load	i	1	データ書き込み	*dbus2ram*
メモリ回路	addr	i	12	アドレス入力	abus
	d	i	16	データ入力	dbus
	q	o	16	データ出力	ramout
out0	clk	i	1	クロック	clk
(counter)	rst_n	i	1	非同期リセット	rst_n
出力バッファ	load	i	1	データ書き込み	*dbus2out*
	d	i	16	データ入力	dbus
	q	o	16	データ出力	out

という形式の制御線名があるが，これは *aaaa2bbbb* が1のときに *aaaa* の値を *bbbb* に書き込むという動作を名前で表している。

表 **4.3** は，制御線の一覧と，それが関連する構成部品，およびその制御線の

表 **4.3**　TinyCPU の制御線一覧

制御線	関連する構成部品	制御線の値が 1 のときの動作
halt	state0	状態が EXEC のとき IDLE に遷移
pcinc	pc0	pcout+1→pcout
push	stack0	スタックをプッシュ
pop	stack0	スタックをポップ
abus2pc	pc0, abus	abus→pcout
dbus2ir	ir0, dbus	dbus→irout
dbus2stack	stack0, dbus	dbus→qtop
dbus2ram	ram0, abus, dbus	dbus→mem[abus]
dbus2out	out0, dbus	dbus→out
pc2abus	pc0, abus	pcout→abus
ir2abus	ir0, abus	irout *1→abus
alu2dbus	alu0, dbus	aluout→dbus
ir2dbus	ir0, dbus	irout *2→dbus
stack2dbus	stack0, dbus	qtop→dbus
ram2dbus	ram0, dbus	mem[abus]→ ramout→dbus

*1 正確には, irout の下位 12 ビット irout[11:0] である。
*2 正確には, irout の下位 12 ビットを符号拡張して 16 ビットにしたもの, つまり, {{4{irout[11]}},irout[11:0]} である。

値が 1 であるときの動作である。図 4.3 の TinyCPU の構造には制御線が斜体で示されており, 両方を見比べると理解しやすい。行うべき動作に合わせて, 15 本の制御線のうち必要なものを 1 とする。命令レジスタの出力は 16 ビットの irout であるが, 上位 4 ビットは機械語命令の種類を表すのに用いている。よって, *ir2abus* が 1 のときは, 下位 12 ビットの irout[11:0] (つまり X) のみアドレスバス abus に書き込む。また, *ir2dbus* が 1 のときは, irout[11:0] を 16 ビットに符号拡張した値, つまり, {{4{irout[11]}},irout[11:0]}を dbus に書き込む。これは 1 ビットの irout[11] を 4 回繰り返した 4 ビットと irout[11:0] を並べて得られる 16 ビットを表している。メモリ回路のアドレス入力 addr には abus, データ入力 d には dbus が常時接続されている。よって, ramout にはつねに mem[abus] が出力されており, ram2dbus が 1 のときの動作は mem[abus]→ ramout→dbus と書くことができる。

　状態FETCH では, プログラムカウンタの値を番地としてメモリから値を読み出し, それを命令レジスタに格納する。つまり, mem[pcout]→ irout を行う。そ

のために, *pc2abus* (pcout→abus), *ram2dbus* (mem[abus]→ ramout→dbus),
dbus2ir (dbus→irout) の三つの制御線を 1 にすればよい。

　状態 EXEC では, 機械語命令の種類によって 1 にすべき制御線が変わる。つ
ぎに, 各機械語命令で 1 にすべき制御線を求める。ただし, 簡単のため, irout
については, 表 4.3 の脚注のように, 厳密には書かず, 単に irout とする。

HALT 命令 (0000)　halt を 1 にする。

PUSHI 命令 (0001)　irout→qtop を行い, 同時にスタックをプッシュす
　　る。そのために, *ir2dbus* (irout→dbus), *dbus2stack* (dbus→qtop),
　　push の三つの制御線を 1 にする。

PUSH 命令 (0010)　mem[irout]→qtop を行い, 同時にスタックをプッシュ
　　する。そのために, *ir2abus* (irout→abus), *ram2dbus* (mem[abus]→
　　ramout→dbus), *dbus2stack* (dbus→qtop), *push* の四つの制御線を 1
　　にする。

POP 命令 (0011)　qtop→mem[irout] を行い, 同時にスタックをポップす
　　る。そのために, *ir2abus* (irout→abus), *stack2dbus* (qtop→dbus),
　　dbus2ram (dbus→mem[abus]), *pop* の四つの制御線を 1 にする。

JMP 命令 (0100)　irout→pcout を行う。そのために, *ir2abus* (irout→
　　abus), *abus2pc* (abus→pcout) の二つの制御線を 1 にする。

JZ 命令 (0101)　qtop が 0 のとき, JMP 命令の動作を行う。さらに, qtop
　　の値にかかわらず, スタックをポップするため制御線 *pop* を 1 にする。

JNZ 命令 (0110)　qtop が 0 でないとき, JMP 命令の動作を行う。JZ 命
　　令と同様に, スタックをポップするため制御線 *pop* を 1 にする。

OUT 命令 (1110)　qtop→out を行い, 同時にスタックをポップする。そ
　　のために, *stack2dbus* (qtop→dbus), *dbus2out* (dbus→out), *pop* の
　　三つの制御線を 1 にする。

OP 命令 (1111)　単項演算のとき, つまり irout[4] が 1 のとき, aluout→
　　qtop を行う。そのために, *alu2dbus* (aluout→dbus), *dbus2stack* (dbus

→qtop) の二つの制御線を 1 にする。二項演算のとき，つまり `irout[4]` が 0 のとき，単項演算の動作に加えて，スタックをポップするため制御線 *pop* を 1 にする。

表 **4.4** は以上の制御線のとるべき値をまとめたものである。これをもとに TinyCPU の設計を行う。

表 **4.4**　TinyCPU の制御線一覧

状態	命令	条　件	1 にする制御線
FETCH	-	-	*pc2abus, ram2dbus, dbus2ir*
EXEC	HALT	-	*halt*
	PHSHI	-	*ir2dbus, dbus2stack, push*
	PHSH	-	*ir2abus, ram2dbus, dbus2stack, push*
	POP	-	*ir2abus, stack2dbus, dbus2ram, pop*
	JMP	-	*ir2abus, abus2pc*
	JZ	qtop==0	*ir2abus, abus2pc, pop*
		qtop!=0	*pop*
	JNZ	qtop==0	*pop*
		qtop!=0	*ir2abus, abus2pc, pop*
	OUT	-	*stack2dbus, dbus2out, pop*
	OP	irout[4]==0	*alu2dbus, dbus2stack, pop*
		irout[4]==1	*alu2dbus, dbus2stack*

4.3　TinyCPU の Verilog ソースコード

TinyCPU の設計の準備ができたので，Verilog で記述する。まず，リスト **4.1** は，各機械語命令の機械語コードの上位 4 ビットの定義である。表 4.1 のとおり，

リスト **4.1**　機械語コードの上位 4 ビットの定義 inst.v

```
1  `define HALT   4'b0000
2  `define PUSHI  4'b0001
3  `define PUSH   4'b0010
4  `define POP    4'b0011
5  `define JMP    4'b0100
6  `define JZ     4'b0101
7  `define JNZ    4'b0110
8  `define OUT    4'b1110
9  `define OP     4'b1111
```

各ニーモニックの文字列を 4 ビットのビット列に置き換える。例えば，`HALT は 4'b0000 に置き換えられる。

リスト 4.2 は TinyCPU の Verilog ソースコードの前半部分である。1 行目から 3 行目で，state_d.v（ステートマシン回路の状態に対応するビット列の

リスト **4.2** TinyCPU の Verilog ソースコード tinycpu.v（その 1）

```verilog
 1  `include "state_d.v" // ステートマシン回路の定数定義
 2  `include "alu_d.v" // 算術論理演算回路の定数定義
 3  `include "inst.v" // 機械語コードの定義
 4  module tinycpu(clk,rst_n,run,out);
 5
 6    input clk,rst_n,run; // 1ビットの入力ポート
 7    output [15:0] out; // 16ビットの出力ポートout
 8    wire [1:0] cs; // 2ビットの配線cs
 9    wire [11:0] pcout; // 12ビットの配線pcout
10    wire [15:0] dbus,irout,ramout,qtop,qnext,aluout;
11    reg [11:0] abus; // 12ビットの変数abus
12    reg halt,pcinc,push,pop,abus2pc,dbus2ir,dbus2stack,dbus2ram,dbus2out,
         pc2abus,ir2abus,alu2dbus,ir2dbus,stack2dbus,ram2dbus;//1ビット変数
13
14    state state0(.clk(clk),.rst_n(rst_n),.run(run),.halt(halt),.q(cs));
15    counter #(12) pc0(.clk(clk),.rst_n(rst_n),.load(abus2pc),.inc(pcinc),
         .d(abus),.q(pcout));
16    counter #(16) ir0(.clk(clk),.rst_n(rst_n),.load(dbus2ir),.inc(1'b0),
         .d(dbus),.q(irout));
17    alu alu0(.a(qtop),.b(qnext),.f(irout[4:0]),.s(aluout));
18    stack stack0(.clk(clk),.load(dbus2stack),.push(push),.pop(pop),
         .d(dbus),.qtop(qtop),.qnext(qnext));
19    ram ram0(.clk(clk),.load(dbus2ram),.addr(abus),.d(dbus),.q(ramout));
20    counter #(16) out0(.clk(clk),.rst_n(rst_n),.load(dbus2out),
         .inc(1'b0),.d(dbus),.q(out));
21
22    always @(pc2abus,ir2abus,pcout,irout)
23      if(pc2abus) abus = pcout;
24      else if(ir2abus) abus = irout[11:0];
25      else abus = 12'hXXX;
26
27    assign dbus = ram2dbus?ramout:16'hZZZZ;
28    assign dbus = ir2dbus?{{4{irout[11]}},irout[11:0]}:16'hZZZZ;
29    assign dbus = stack2dbus?qtop:16'hZZZZ;
30    assign dbus = alu2dbus?aluout:16'hZZZZ;
```

定義，リスト 2.7），alu_d.v（算術論理演算回路の演算に対応するビット列の
定義，リスト 1.19），inst.v（機械語命令のニーモニックに対応するビット列
の定義，リスト 4.1）を読み込んでいる。

6 行目と 7 行目で，1 ビットの入力ポート clk（クロック），rst_n（非同期
リセット），run（動作開始），16 ビットの出力ポート out（出力バッファ）を
宣言している。

8 行目から 12 行目の wire 文で各種配線を宣言している。2 ビットの cs（ス
テートマシンの現在の状態），12 ビットの pcout（プログラムカウンタ），16
ビットの dbus（データバス），irout（命令レジスタ），ramout（メモリ回路），
qtop（スタックのトップ），qnext（スタックの 2 番目），aluout（算術論理演
算回路）の各配線が，構成要素の出力を受けるのに用いられている。11 行目で
12 ビットのアドレスバス abus を宣言している。また，12 行目で 1 ビットの制
御線 15 本を宣言している。これらは，後で always 文を用いて値を決定するの
で，reg 文を用いて変数として宣言している。

14 行目から 20 行目で七つの構成要素をインスタンス化している。これらは
表 4.2 に示したとおり，各モジュールのポートと配線や変数と接続している。

22 行目の always 文で，アドレスバス abus の値を決定している。表 4.3 に
示したとおり，abus に書き込みを行う。センシティビティリストは，if 文の
条件式，もしくは代入文の右辺に現れる pc2abus，ir2abus，pcout，irout
である。pc2abus が 1 のときは，pcout を書き込み，ir2abus が 1 のとき
は，irout[11:0] を書き込む。これらの両方が 0 のときは，12 ビットの不定
値 12'hXXX を書き込む。この不定値の書き込みがないと，値を保持する記憶回
路となってしまうので，注意が必要である。

27 行目から 30 行目の四つの assign 文で，データバス dbus の値を決定して
いる。表 4.3 に示したとおり，四つの値 ramout，irout の符号拡張，qtop，
aluout のうちたかだか一つが dbus に書き込まれる。ここでは，アドレスバス
abus を always 文，データバス dbus を assign 文で定義したが，逆にすること
も可能である。

リスト **4.3** は，TinyCPU の Verilog ソースコードの後半部分である。32 行
目からの always 文で 15 本の制御線の値を決定している。センシティビティリ
ストは，cs, irout, qtop でこれらの値に依存して制御線の値を決めており，
これらを入力とする組み合わせ回路となる。まず，34 行目ですべての制御線の
値を 0 としている。そして，35 行目からの if 文は，表 4.4 に従って，どの制御
線を 1 にするかを決めている。例えば，状態が FETCH の場合は，37 行目で
四つの制御線を 1 にしている。40 行目の case 文は，状態が EXEC のときに，

リスト **4.3** TinyCPU の Verilog ソースコード tinycpu.v（その 2）

```
32    always @(cs,irout,qtop) // 制御線の値の決定
33    begin
34      halt=0;pcinc=0;push=0;pop=0;abus2pc=0;dbus2ir=0;dbus2stack=0;
                dbus2ram=0;dbus2out=0;pc2abus=0;ir2abus=0;alu2dbus=0;ir2dbus=0;
                stack2dbus=0;ram2dbus=0;
35      if(cs==`FETCH)
36        begin
37          pc2abus=1;ram2dbus=1;dbus2ir=1;pcinc=1;
38        end
39      else if(cs==`EXEC)
40        case(irout[15:12])
41          `HALT: halt=1;
42          `PUSHI: begin ir2dbus=1;dbus2stack=1;push=1; end
43          `PUSH: begin ir2abus=1;ram2dbus=1;dbus2stack=1;push=1; end
44          `POP: begin ir2abus=1;stack2dbus=1;dbus2ram=1;pop=1; end
45          `JMP: begin ir2abus=1;abus2pc=1; end
46          `JZ: begin pop=1;
47                   if(qtop==0) begin ir2abus=1;abus2pc=1; end
48               end
49          `JNZ: begin pop=1;
50                   if(qtop!=0) begin ir2abus=1;abus2pc=1; end
51               end
52          `OUT: begin stack2dbus=1;dbus2out=1;pop=1; end
53          `OP: begin alu2dbus=1;dbus2stack=1;
54                   if(irout[4]==0) pop=1;
55               end
56        endcase
57    end
58
59  endmodule
```

機械語命令ごとにどの制御線を 1 にするかを決めている。例えば，PUSHI 命令の場合，42 行目で三つの制御線を 1 にしている。ここで，34 行目のブロッキング代入文により，タイミングチャート上ですべての制御線の値がいったん 0 になり，ブロッキング代入文が行われるたびに 1 になるわけではないことに注意する。cs, irout, qtop のいずれかの値が変化したときに，33 行目からの begin～end で挟まれたすべての文がゼロ時間で実行され，実行終了後の制御線の値がタイミングチャート上に反映される。つまり，begin～end で挟まれた文は，あくまで制御線のうちどれが 1 になるかを決めるロジックをプログラム的に記述している。

4.4　TinyCPU の簡単なプログラム例

　TinyCPU の動作を確認するために，ごく簡単な機械語プログラムを作成する。機械語プログラムとは，機械語コードの列であり，メモリに格納することにより TinyCPU で直接実行可能なプログラムである。TinyCPU の機械語コードは 16 ビットなので，メモリの各番地に格納される機械語コードを 4 桁の 16 進数，例えば 200A と表す。リスト 4.4 は，9, 8, ..., 1 を順に出力バッファに書き込み出力するカウントダウンプログラムである。左側がそれに対応する機械語プログラムで，メモリの各番地 000～00A に格納される機械語コードを

リスト 4.4　TinyCPU のカウントダウンプログラム

```
000:200A     L1: PUSH n
001:6003         JNZ L2
002:0000         HALT
003:200A     L2: PUSH n
004:E000         OUT
005:200A         PUSH n
006:1001         PUSHI 1
007:F001         SUB
008:300A         POP n
009:4000         JMP L1
00A:0009     n:  9
```

示している。このリストの右側は，各機械語コードに対応するアセンブリコードを並べた**アセンブリ言語プログラム**である。この TinyASM 用のアセンブリ言語を **TinyASM** と呼び，そのプログラムを TinyASM プログラムと呼ぶ。

　リスト 4.4 の機械語プログラムの動作を TinyASM プログラムのほうを見て説明する。TinyASM プログラムの n は変数であり，最下行「n:　9」でメモリ上の場所を確保し，値 9 で初期化している。L1 と L2 はラベルであり，JMP 命令などによる分岐先を指定するのに用いられる。TinyASM プログラムは上から順に実行される。最初の PUSH n でスタックに n の値 9 がプッシュされる。つぎの JNZ L2 でスタックトップ，つまり n が 0 でなければ L2 に分岐する。もし 0 であれば分岐せず，そのままつぎの HALT 命令を実行して停止する。いずれの場合も，スタックはポップされる。今回は 9 で，0 ではないので L2 に分岐することになる。つづいて，PUSH n でスタックに n の値 9 が再びプッシュされ，OUT 命令でこの 9 が出力バッファに書き込まれる。そして，PUSH n, PUSHI 1, SUB の三つの命令で n-1 が計算され，つづく POP n でこの値 8 が n に書き込まれる。つぎの JMP L1 でプログラムの先頭に戻り，実行がつづけられる。以上より，9 から順に 1 ずつ減っていく値が出力バッファに書き込まれる。終了するのはプログラムの先頭に戻ったときに n が 0 の場合である。このとき JNZ L2 で分岐せず，つぎの HALT 命令を実行し終了する。よって，最後に出力バッファに書き込まれるのは 1 であり，その後 n が 0 となって終了する。

　人が直接機械語プログラムを書くのはわかりにくく面倒なので，通常は，TinyASM プログラムを書いて，それを機械語プログラムに変換する。つまり，リスト 4.4 の右側を左側に変換する。この変換を手作業で行うことを**ハンドアセンブル**と呼ぶ。ここでは，機械語プログラムを理解するために，リスト 4.4 の右側の TinyASM プログラムの変換を行う。この TinyASM プログラムは 10 個のアセンブリコードと一つの変数の宣言から構成される。各アセンブリコードに対応する機械語コードはメモリの一つの番地に格納され，変数は一つの番地を使用するので，機械語プログラムは 000 番地から 00A 番地の 11 個の番地を用いる。

まず，分岐先のラベル L1 と L2 の値を決める。リスト 4.4 から，L1 は 0 番地，L2 は 3 番地なので，それぞれの値は 16 進数で 000 と 003 である。また，変数 n もラベルとみなし，この変数が割り当てられる番地をラベルの値とする。変数 n は機械語プログラムの最後なので，10 番地に割り当てられ，ラベル n の値は 16 進数で 00A となる。以上をまとめると，三つのラベルの値はつぎのように決定される。

 L1:000　　L2:003　　n:00A

ラベルが機械語命令のオペランドとなるとき，これらの値は機械語コードの下位 12 ビットの値に用いられる。

　つづいて，各アセンブリコードを機械語コードに一つずつ変換する。000 番地は PUSH n なので，PUSH の 16 進数コード 2 とラベル n の値 00A を連結して，200A となる。001 番地は JNZ L2 なので，JNZ の 16 進数コード 6 とラベル L2 の値 003 を連結して，6003 となる。002 番地は HALT なので，HALT の 16 進数コード 0 であり，下位 12 ビットはなんでも構わないので，0000 とする。以下同様に繰り返していくことにより，すべてのアセンブリコードを機械語コードに変換できる。最後の 00A 番地に割り当てられる変数 n は 9 で初期化されるので，その 16 進数で 0009 とする。

4.5　　TinyCPU のテストベンチとシミュレーション

　リスト 4.4 のカウントダウンプログラムを TinyCPU で動作させるシミュレーションを行う。リスト 4.5 はそのためのテストベンチである。このテストベンチは，カウントダウンプログラム専用ではなく，どんなプログラムのシミュレーションでも行うことができる。6 行目でモジュール tinycpu をインスタンス化している。入力は 1 ビットの clk, rst_n, run であり，出力は 16 ビットの out である。11 行目の initial 文から，三つの入力の値を設定している。最初は rst_n を 0 とする非同期リセットにより，ステートマシン回路の状態を IDLE

リスト **4.5**　TinyCPU のテストベンチ `tinycpu.v`

```
1  module tinycpu_tb;
2
3    reg clk,rst_n,run; // 1ビットの変数
4    wire [15:0] out; // 16ビットの配線out
5
6    tinycpu tinycpu0(clk,rst_n,run,out);
7
8    initial clk=0; // 100単位時間周期のclk
9    always  #50 clk=~clk;
10
11   initial begin
12     $dumpvars;
13     rst_n = 0; run = 0; #100 // 非同期リセット
14     rst_n = 1; run = 1; #100 // 動作開始
15     run = 0; #100000
16     $finish;
17   end
18
19 endmodule
```

にし，プログラムカウンタなどのすべての値を 0 にしている。そして，時刻 100 に `rst_n` と `run` を 1 とし，時刻 150 の `clk` の立ち上がりで状態が FETCH となり動作を開始する。そして，時刻 200 に `run` を 0 とし，それから，シミュレーションを 100000 単位時間行った後終了する。この `#100000` を変更することにより，シミュレーションの時間を設定することができる。

　つぎにカウントダウンプログラムの機械語コードでメモリ回路のモジュール `ram` の初期化を行う必要がある。**リスト 4.6** はその初期化を含めたメモリ回路の Verilog ソースコードである。14 行目からの initial 文で，メモリの番地 `12'h000` から `12'h00A` をリスト 4.4 の機械語プログラムで初期化している。この変数 `mem` の初期化の部分を**メモリ形式の機械語プログラム**と呼ぶ。機械語プログラムを変更する場合は，この初期化の部分を書き換えればよい。

　リスト 4.5 のテストベンチとリスト 4.6 のカウントダウンプログラム用メモリ回路を用いたシミュレーションを行う。シミュレーションには，他のモジュール `tinycpu`, `state`, `counter`, `stack`, `alu` も必要であることに注意する。

リスト **4.6**　カウントダウンプログラム用メモリ回路 `ram.v`

```verilog
 1  module ram(clk,load,addr,d,q);
 2    parameter N=16,M=12;
 3
 4    input clk,load;
 5    input [M-1:0] addr;
 6    input [N-1:0] d;
 7    output [N-1:0] q;
 8    reg [N-1:0] mem[0:2**M-1];
 9
10    assign q = mem[addr];
11
12    always @(posedge clk) if(load) mem[addr]<=d;
13
14    initial begin
15    mem[12'h000] = 16'h200A;  //  L1: PUSH n
16    mem[12'h001] = 16'h6003;  //      JNZ L2
17    mem[12'h002] = 16'h0000;  //      HALT
18    mem[12'h003] = 16'h200A;  //  L2: PUSH n
19    mem[12'h004] = 16'hE000;  //      OUT
20    mem[12'h005] = 16'h200A;  //      PUSH n
21    mem[12'h006] = 16'h1001;  //      PUSHI 1
22    mem[12'h007] = 16'hF001;  //      SUB
23    mem[12'h008] = 16'h300A;  //      POP n
24    mem[12'h009] = 16'h4000;  //      JMP L1
25    mem[12'h00A] = 16'h0009;  //  n:  9
26    end
27
28  endmodule
```

よって，Icarus Verilog を用いてシミュレーションを行うには，七つのファイル `tinycpu_tb.v`, `tinycpu.v`, `state.v`, `counter.v`, `stack.v`, `alu.v`, `ram.v` を指定する必要がある。

図 **4.4** はシミュレーションの結果得られるタイミングチャートで時刻 2400 まで表示している。状態が FETCH，つまり cs が 01 のときのクロック clk の立ち上がりで命令フェッチが行われる。この立ち上がり直前のプログラムカウンタの出力 pcout がそのままアドレスバス abus に出力されている。それはメモリ回路のアドレス入力 addr に入力されるので，pcout 番地のメモリの値

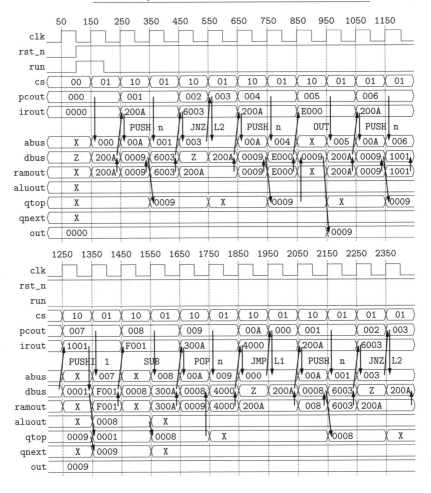

図 **4.4** TinyCPU のテストベンチ（リスト 4.5）によるシミュレーションの
タイミングチャート

mem[pcout] がメモリ回路の出力 ramout の値となる。この値がそのまま dbus
に出力され，クロック clk の立ち上がりで命令レジスタに書き込まれるので，
立ち上がり後の irout の値になる。そして，同時にプログラムカウンタの値
pcout が 1 増える。

状態が EXEC，つまり cs が 10 のときは，irout の値によって，動作が変わ

る。例えば，時刻 350 の clk の立ち上がりでは，irout が 200A なので，機械語コード 200A，つまりアセンブリコード PUSH n が実行され，メモリ回路の 00A 番地の値がスタックにプッシュされる。そのため，時刻 350 の直前に，abus に irout の下位 12 ビット 00A が出力される。それはメモリ回路のアドレス入力 abus に入力されるので，出力 ramout は 00A 番地の値となる。その値が clk の立ち上がりでスタックにプッシュされ qtop の値となる。

時刻 550 の clk の立ち上がりでは，irout が 6003 なので，機械語コード 6003，つまりアセンブリコード JNZ L2 が実行される。つまり，qtop が 0 でないなら，L2 に分岐しスタックがポップされる。そのため，時刻 550 の直前に，abus に irout の下位 12 ビット 003 が出力される。qtop の値が 0 でないので，clk の立ち上がりで，この abus の値 003 がプログラムカウンタに書き込まれ pcout の値となる。同時にスタックがポップされるので，qtop の値が不定値 X となる。

このように，機械語プログラムの実行を追っていくことができる。時刻 950 で n の値 9 が出力される。図 4.4 のシミュレーションは時刻 2400 までであるが，この後時刻 2750 で 8 が出力される。出力される値が一つずつ減っていき，最後の 1 は時刻 15350 に出力される。そして，002 番地の HALT 命令が実行され，時刻 16950 に状態 IDLE に遷移し停止する。

演習問題

【4.1】 アセンブラコード PUSHI X のオペランド X がとることができる値の最大値と最小値を示せ。

【4.2】 TinyCPU（リスト 4.2 とリスト 4.3）を改造し，アドレスバス abus を assign 文，データバス dbus を always 文を用いるようにせよ。

【4.3】 TinyCPU に 16 ビットの入力ポート in と機械語命令 IN（1101）を追加せよ。この機械語命令 IN は，clk の立ち上がりで入力ポート in に入力されている値をスタックにプッシュする。

【4.4】 TinyCPU（リスト 4.2 とリスト 4.3）において，15 本の制御線を reg 文で

なく，wire 文で宣言した配線として書き換えよ。表 4.4 を参照し，各制御
線の値を assign 文で定義し，正しく動作するようにせよ。

【4.5】　FPGA（回路データを書き込み可能な集積回路）では，同期読み出し同期
書き込みのブロックメモリが内蔵されている。そこで，同期読み出し同期
書き込みのメモリ回路を用いるように TinyCPU を変更せよ。

【4.6】　$1, 2, \ldots, 9$ を順に出力するプログラムを TinyASM で書け。機械語プログ
ラムにハンドアセンブルで変換し，テストベンチを用いてシミュレーショ
ンを行い，正しいことを確認せよ。

【4.7】　フィボナッチ数列 $1, 1, 2, 3, 5, 8, \ldots$ を順に出力するプログラムを TinyASM
で書け。機械語プログラムにハンドアセンブルで変換し，テストベンチを
用いてシミュレーションを行い，正しいことを確認せよ。

5章

アセンブリ言語プログラミング

◆本章のテーマ

TinyASM（TinyCPU のアセンブリ言語）の仕様と TinyASM プログラミングを学ぶ。TinyC（TinyCPU 向け C 言語風プログラミング言語）の基本構文を TinyASM プログラムに手作業で変換するハンドコンパイルの方法を具体例をみながら理解する。コラッツの問題の計算を行う TinyASM プログラムと、ユークリッドの互除法により最大公約数を求める TinyASM プログラムを作成する。これらをハンドアセンブルにより機械語プログラムに変換し、TinyCPU 上での動作シミュレーションを行う。

◆本章の構成（キーワード）

5.1 アセンブリ言語と C 言語

　　　TinyASM, TinyC, ハンドコンパイル, ラベル, 変数宣言

5.2 基本構文の TinyASM プログラム

　　　代入文, if 文, while 文, do 文

5.3 TinyASM プログラムの例

　　　コラッツの問題, ユークリッドの互除法, 最大公約数, ハンドアセンブル,
　　　メモリ形式の機械語プログラム

◆本章を学ぶと以下の内容をマスターできます

☞ TinyASM の仕様と TinyASM プログラミング

☞ C 言語風プログラミング言語 TinyC の仕様

☞ 基本構文の TinyASM プログラムへのハンドコンパイル方法

☞ TinyCPU のシミュレーションによる機械語プログラムの実行方法

5.1 アセンブリ言語と C 言語

TinyCPU で動作する機械語プログラムを作成するには，アセンブリ言語
TinyASM で記述すればよい。TinyASM プログラムを直接書くのはわかりづ
らく面倒なので，TinyASM に変換できる C 言語風プログラミング言語 **TinyC**
をターゲットとしてプログラミングを行う。TinyC は C 言語のごく小さいサ
ブセットである。ここでは，TinyC プログラムを TinyASM プログラムに手動
で変換する**ハンドコンパイル**を行う。得られた TinyASM プログラムをハンド
アセンブルにより機械語プログラムに変換すれば，TinyCPU で動作させるこ
とができる。

5.1.1 アセンブリ言語 TinyASM

TinyCPU 用のアセンブリ言語 TinyASM の仕様について定義する。
TinyASM プログラムの各行はアセンブリコード，ラベル，ラベル＋アセン
ブリコードである。つぎの例を用いて説明する。

```
L1:
    PUSH n
    PUSHI 1
    SUB
    POP n
    JMP L1
n:  9
```

L1 はラベルである。JMP L1 のオペランドでもあり分岐実行時の分岐先となっ
ている。つづく PUSH n はアセンブリコードである。このラベルとアセンブリ
コードの 2 行をまとめて，つぎのように書くこともできる。

```
L1:  PUSH n
```

最後の n は変数を表すラベルであり，10 進数の 9 で初期化されている。この 10
進数の数値もアセンブリコードとみなす。よって，この TinyASM プログラム
は六つのアセンブリコードから構成される。

　TinyASM プログラムは先頭から順に実行される。したがって，この TinyASM
プログラムでは，n に 1 を加える計算を永久に繰り返す。このような TinyASM
プログラムは機械語プログラムに変換することによって，TinyCPU で直接実
行することができる。この変換は各アセンブリコードを対応する機械語コード
に置き換えればよい。

5.1.2　C 言語風プログラミング言語 TinyC

　アセンブリ言語 TinyASM のプログラミングを直接行うのはわかりにくいの
で，C 言語風プログラムの TinyC を使いながら TinyASM プログラミングを
学ぶ。

　TinyC がサポートしているのは，代入文，if 文，if–else 文，while 文，do 文，
変数宣言である。代入文は，通常の C 言語と同じく y=x*x-2*x+1; のように
書かれ，右辺の式を計算し，左辺の変数に代入する。if 文の形式は，if(式){
文;...}であり，式を計算し結果が真であれば中かっこ内の文を実行する。if–
else 文の形式は，if(式){文;...}else{文;...}の形式であり，式を計算し結
果が真であれば前の中かっこ内の文を実行し，偽であれば，else の後の中かっ
こ内の文を実行する。while 文の形式は，while(式){文;...}であり，式が偽
のときは終了し，真のときは中かっこ内を実行する。これを式が偽になるまで
繰り返す。do 文の形式は，do{文;...}while(式) であり，中かっこ内の文を
実行し，式を計算して，偽のときは終了する。真のときは再び中かっこ内の文
を実行し，式の計算結果が偽になるまでこれを繰り返す。C 言語の場合，中かっ
こ内の文が一つだけの場合，中かっこを省略できるが，TinyC では，後でのコ
ンパイラの作成の都合上省略できないものとする。

　変数宣言は，TinyASM の仕様に合わせて 16 ビットの符号付き整数型のみ扱
い，int n=9; のように宣言する。これは変数名 n でメモリ上の番地を一つ確保

し，値 9 で初期化することを意味する。初期化を省略し，int n; と書いたり，複数の変数を同時に宣言し int a=1,b=2; と書くこともできる。C 言語の場合，変数宣言はその変数を用いるプログラムより前に書く必要がある。TinyC は TinyASM と同じく先頭から実行されるので，実行のじゃまにならないように，変数宣言はプログラムの後にまとめて書くものとする。

5.2 基本構文の TinyASM プログラム

TinyCPU の TinyASM プログラミングの方法を説明する。TinyC でどのように書くかというのをまず考えて，それを TinyASM プログラムに変換するという手順で TinyASM のプログラミングを行う。

5.2.1 代　入　文

TinyC の代入文は「変数=中置記法の式」の形式であり，式の計算結果を変数に代入する。TinyASM プログラムでこの処理を記述するには，中置記法の式を後置記法に変換し，演算子とオペランドを順にアセンブリコードに置き換えればよい。演算子の変換は，表 4.1 の算術論理演算 OP F に記載のとおり，演算に対応するアセンブリコードに変換する。例えば演算子 + の場合は，ADD 命令に変換する。オペランドは，変数の場合 PUSH 命令に，数値の場合 PUSHI 命令に変換する。そして，左辺の変数への代入は POP 命令で行うことができる。

具体例として，つぎの TinyC の代入文を TinyASM のプログラムに変換する。

y=x*x-2*x+1;

まず，右辺の中置記法の式を後置記法に変換する。

x x * 2 x * - 1 +

これをもとに，TinyASM プログラムに変換するとつぎのようになる。

```
    PUSH x
```

```
PUSH x
MUL
PUSHI 2
PUSH x
MUL
SUB
PUSHI 1
ADD
POP y
```

中置記法の x は PUSH x に変換する。数値の 2 は PUSHI 2 に変換する。演算子はそれぞれ対応するアセンブリコードに変換する。最後に変数 y に代入するため，POP y を追加する。

5.2.2 if   文

TinyC の「if(式){文;...}」の形の if 文は，式が真（0 でない）ときに中かっこ内を実行し，偽（0）のときは実行しない。よって，つぎのように JZ 命令を用いた TinyASM プログラムに変換する。

式の計算
```
JZ L1F
```
中かっこ内の文の実行
```
L1F:
```

式の計算の結果はスタックトップ qtop に格納される。そこで，JZ L1F により，qtop が 0 の場合，ラベル L1F に分岐し，中かっこ内の文は実行されない。qtop が 0 でない場合は分岐せず，つづく中かっこ内の文が実行される。

実際に，つぎの TinyC の if 文を TinyASM プログラムに変換する。

```
if(x<0){x=-x;}
```

このTinyC プログラムは x が負であれば，符号を反転しているので，x の絶対値を計算し x に保存するプログラムである。TinyASM プログラムはつぎのようになる。

```
PUSH x
PUSHI 0
LT          // x<0
JZ L1F
PUSH x
NEG
POP x       // x=-x
L1F:
```

LT 命令を実行すると x<0 が成り立てば qtop に 1 が，成り立たなければ 0 が格納される。JZ L1F で qtop が 1 のとき，つまり x<0 が成り立てば実行をつづけ，x の符号が反転する。一方 qtop が 0 なら，ラベル L1F に分岐し，x の符号反転は行われない。

TinyC の「if(式){文;...}else{文;...}」の形の if–else 文は，式が真（0でない）のときに直後の中かっこ内を実行し，偽（0）のときは else の後の中かっこを実行する。if 文と同様につぎのように TinyASM に変換すればよい。

```
式の計算
JZ L1F
前の中かっこ内の文の実行
JMP L1T
L1F:
後の中かっこ内の文の実行
L1T:
```

式の計算結果は qtop に格納され，JZ L1F により偽（0）であれば，ラベル L1F

に分岐し，後の中かっこ内の文が実行される。一方，真（0 でない）であれば，分岐せず，前の中かっこ内の文を実行し，JMP L1T によりラベル L1T に分岐する。

実際に，つぎの TinyC の if–else 文を TinyASM に変換する。

`if(x>y){z=x;}else{z=y;}`

この TinyC プログラムでは x と y の大きいほうを z に代入している。TinyASM プログラムはつぎのようになる。

```
        PUSH x
        PUSH y
        GT          // x>y
        JZ L1F
        PUSH x
        POP z       // z=x
        JMP L1T
L1F:    PUSH y
        POP z       // z=y
L1T:
```

x>y が偽であれば，GT により qtop は 0 となり，つづく JZ L1F でラベル L1F に分岐し，z に y が代入される。一方，真であれば，GT により qtop は 1 となり，つづく JZ L1F で分岐せず，z に x を代入し，JMP L1T によりラベル L1T に分岐する。

if–else 文の中に if–else 文がある複雑な場合でも，同じ手順を適用して，TinyASM プログラムを作成することができる。つぎのプログラムは，三つの変数 x，y，z の最大値を t に代入するプログラムであり，if–else 文の中で if–else 文を用いている。

`if(x>y){`

```
    if(x>z){t=x;}else{t=z;}
}else{
    if(y>z){t=y;}else{t=z;}
}
```

　これを先の if–else 文を TinyASM に変換する手順を忠実に適用して得られるのがつぎの TinyASM プログラムである。

```
        PUSH x
        PUSH y
        GT          // x>y
        JZ L1F
        PUSH x
        PUSH z
        GT          // x>z
        JZ L2F
        PUSH x
        POP t       // t=x
        JMP L2T
L2F:    PUSH z
        POP t       // t=z
L2T:    JMP L1T
L1F:    PUSH y
        PUSH z
        GT          // y>z
        JZ L3F
        PUSH y
        POP t       // t=y
        JMP L3T
```

```
L3F:    PUSH z
        POP t        // t=z
L3T:
L1T:
```

三つの if 文，if(x>y)，if(x>z)，if(y>z) に対して，それぞれが偽のときの分岐先を指定するラベル L1F, L2F, L3F と真のときに実行する代入文が終わったときの分岐先を指定するラベル L1T, L2T, L3T が用いられている。最初にx>y を計算し，真であれば分岐せず，if(x>z) の処理を行う。偽であれば L1Fに分岐し，if(y>z) の処理を行う。if(x>z) の処理を行うために，x>z を計算し，真であれば分岐せず，代入 t=x を行う。偽であれば，L2F に分岐し，代入t=z を行う。同様に，if(y>z) の処理を行うために，y>z を計算し，真であれば分岐せず，代入 t=y を行う。偽であれば，L3F に分岐し，t=z の処理を行う。三つのラベル L1T, L2T, L3T は，それぞれが対応する if 文の処理が終わった直後に置かれている。そして，真のときの代入文の処理が終わったときに，JMP命令によりこれらのラベルに分岐する。

5.2.3 while 文

TinyC の「while(式){文;...}」の形の while 文は，式が偽 (0) ときは終了し，真 (0 でない) のときには中かっこ内の文を実行する。同じ手順を式が偽になるまで繰り返す。よって，つぎのように TinyASM で記述することができる。

```
L1T:
    式の計算
    JZ L1F
    中かっこ内の文の実行
    JMP L1T
L1F:
```

式の計算結果が qtop に格納され，それが偽（0）であれば，JZ L1F によりラベル L1F に分岐する。真（0 でない）であれば，中かっこ内の文を実行し，JMP L1T により先頭に戻る。

　具体例として，つぎの while 文を含んだ TinyC プログラムを TinyASM プログラムに変換する。このプログラムは n<9 が真の間，n の値に 1 を加算して n の値を出力する。out は，つづく丸かっこ内の式を計算しその値を出力する命令である。よって，out(n) は n の値を出力する。したがって，n の初期値が 0 の場合，$1, 2, ..., 9$ を順に出力する。

```
while(n<9){
    n=n+1;
    out(n);
}
```

　変換したつぎの TinyASM プログラムでは，LT で n<9 を計算し結果を qtop に格納する。つづく JZ L1F で qtop が 0 の場合，つまり，n<9 が成り立たないときに，L1F に分岐する。qtop が 0 でない場合，n の値を 1 増やして n の値を出力し，JMP L1T で先頭に戻る。

```
L1T:    PUSH n
        PUSHI 9
        LT          // n<9
        JZ L1F
        PUSH n
        PUSHI 1
        ADD
        POP n       // n=n+1
        PUSH n
        OUT         // out(n)
        JMP L1T
```

L1F:

5.2.4　do　　　文

　C言語の「do{文;...}while(式)」の形のdo文は，式が偽 (0) のときは終了し，真 (0 でない) のときには中かっこ内を実行する。この判定は最後に行われるので，中かっこ内の文は必ず一度は実行される点がwhile文と異なる。このdo文は，つぎのようにTinyASMで記述することができる。

L1T:

　　　中かっこ内の文の実行

　　　式の計算

　　　JNZ L1T

まず，中かっこ内の文を実行し，式の計算を行う。その結果，真 (0 でない) ならば，先頭のラベルL1Tに戻る。偽 (0) であれば，分岐せずそのまま実行をつづける。

　具体例として，つぎのdo文を含んだTinyCプログラムをTinyASMプログラムに変換する。このプログラムは先のwhile文とほぼ同じで，繰り返しの判定が中かっこの後になるだけである。

```
do{
    n=n+1;
    out(n);
}while(n<9);
```

　変換したつぎのTinyASMプログラムでは，まず，中かっこ内に相当するアセンブリコードを実行する。そして，n<9を計算し，qtopに格納する。それが真 (0 でない) の場合，JNZ L1T により，先頭に戻る。

```
L1T:    PUSH n
        PUSHI 1
```

```
ADD
POP n        // n=n+1
PUSH n
OUT          // out(n)
PUSH n
PUSHI 9
LT           // n<9
JNZ L1T
```

5.3 TinyASM プログラムの例

5.3.1 コラッツの問題

自然数 n に対し，n が偶数のときは 2 で割り，奇数のとき 3 倍して 1 を加える操作を繰り返す。どのような n に対しても，有限回の操作で必ず 1 に到達する，という予想がコラッツの問題であり，数論の未解決問題である。例えば 11 から開始すると，つぎのように値が変化し，1 に到達する。

$$11, 34, 17, 52, 26, 13, 40, 20, 10, 5, 16, 8, 4, 2, 1$$

この計算を行う TinyASM プログラムを作成する。

まず，TinyC プログラムで記述するとつぎのようになる。

```
while(n>1){
    out(n);
    if(n&1){n=n*3+1;}
    else {n=n>>1;}
}
out(n);
halt;
```

int n=11;

ここで，n&1 はビットごとの論理積で n の最下位ビット以外を 0 にした値とな
る。よって，最下位ビットが 1 のとき，つまり奇数のときに真となり，偶数のと
きは偽となる。また，n>>1 は n を 1 ビット右にシフトするので，n を 2 で割る
のと同じである。halt はプログラムを停止する特別な命令である。以上より，
この TinyC プログラムはコラッツの問題の操作を n が 1 になるまで繰り返し
停止する。

　リスト **5.1** は，TinyC プログラムを TinyASM プログラムに変換し，さらに
機械語プログラムに変換し，それをメモリ回路のモジュール ram の初期化部分

リスト **5.1**　コラッツの問題のメモリ形式の機械語プログラムと TinyASM プログラム

```
1     mem[12'h000] = 16'h2019;  //    L1T: PUSH n
2     mem[12'h001] = 16'h1001;  //         PUSHI 1
3     mem[12'h002] = 16'hF00E;  //         GT
4     mem[12'h003] = 16'h5016;  //         JZ L1F   - while(n>1)
5     mem[12'h004] = 16'h2019;  //         PUSH n
6     mem[12'h005] = 16'hE000;  //         OUT      - out(n)
7     mem[12'h006] = 16'h2019;  //         PUSH n
8     mem[12'h007] = 16'h1001;  //         PUSHI 1
9     mem[12'h008] = 16'hF005;  //         BAND
10    mem[12'h009] = 16'h5011;  //         JZ L2F   - if(n&1)
11    mem[12'h00A] = 16'h2019;  //         PUSH n
12    mem[12'h00B] = 16'h1003;  //         PUSHI 3
13    mem[12'h00C] = 16'hF002;  //         MUL
14    mem[12'h00D] = 16'h1001;  //         PUSHI 1
15    mem[12'h00E] = 16'hF000;  //         ADD
16    mem[12'h00F] = 16'h3019;  //         POP n    - n=n*3+1
17    mem[12'h010] = 16'h4015;  //         JMP L2T
18    mem[12'h011] = 16'h2019;  //    L2F: PUSH n
19    mem[12'h012] = 16'h1001;  //         PUSHI 1
20    mem[12'h013] = 16'hF004;  //         SHR
21    mem[12'h014] = 16'h3019;  //         POP n    - n=n>>1
22    mem[12'h015] = 16'h4000;  //    L2T: JMP L1T
23    mem[12'h016] = 16'h2019;  //    L1F: PUSH n
24    mem[12'h017] = 16'hE000;  //         OUT      - out(n)
25    mem[12'h018] = 16'h0000;  //         HALT
26    mem[12'h019] = 16'h000B;  //    n:   11
```

（initial begin と end の間）に組み込めるメモリ形式の機械語プログラムに
変換したものである。まず，TinyASM プログラムについて説明する。最初に
n>1 を計算し（1 行目から 3 行目），偽（0）なら，L1F に分岐し（4 行目），n
を出力バッファに書き込んで終了する（24 行目）。真（0 以外）なら，現在の n
の値を出力バッファに書き込む（6 行目）。そして，コラッツの問題の操作を行
う。n&1 が 1，つまり n が奇数なら n*3+1 を計算し n に代入している（16 行
目）。n&1 が 0，つまり n が偶数なら n>>1 を計算し n に代入している（21 行
目）。そして，先頭の L1T に分岐している。

　この TinyASM プログラムのアセンブリコードは，変数 n の宣言も含めて 26
個あるので，変換後の機械語プログラムの機械語コードはメモリ回路の 000 番地
から 019 番地までに格納される。各ラベルの値は 16 進数でつぎのようになる。

L1F:016　　L1T:000　　L2F:011　　L2T:015　　n:019

各アセンブリコードを機械語コードに変換するときには，表 4.1 にあるニーモ
ニックに割り当てられた 4 ビットの値とこれらのラベルの値を用いればよい。
例えば，最初の PUSH n の機械語コードは，つぎのように求めることができる。
まず，表 4.1 より PUSH の最上位 4 ビットの値は，2 進数で 0010 なので，16 進
数で 2 である。n のラベルは 16 進数で 019 なので，この二つを連結し，機械語
コードは 2019 となる。つぎの PUSHI 1 の機械語コードは，PUSHI の最上位 4
ビットの値（16 進数で 1）とオペランドの 1 の 16 進数 001 を連結し，機械語
コードは 1001 となる。さらにつぎの GT は，オペランドがないので表 4.1 の GT
に割り当てられた 16 進数 F00E をそのまま用いる。JZ L1F は，JZ の 16 進数
5 と L1F の値 016 を連結して 5016 となる。このような変換をすべてのアセン
ブリコードに行うハンドアセンブルにより，機械語プログラムを生成すること
ができる。

　この機械語プログラムによるメモリの初期化をモジュール ram に組み込み，
TinyCPU のテストベンチ（リスト 4.5）に組み込んでシミュレーションを行う
と，最後の 1 は時刻 45750 に出力バッファに書き込まれ，HALT 命令により時

刻 45950 に状態 IDLE に遷移し，停止する。

5.3.2 ユークリッドの互除法

ユークリッドの互除法は引き算を繰り返すことにより，二つの数の最大数を求めるアルゴリズムである。二つの数 a と b が a>b を満たすとき，a と b の最大公約数と a-b と b の最大公約数が一致することを利用する。ユークリッドの互除法は TinyC プログラムでつぎのように書くことができる。

```
while(b){
    if(a<b){b=a^b; a=a^b; b=a^b;}
    out(a);
    a=a-b;
}
halt;
int a=30,b=21;
```

a<b が真のときに，(1) b=a^b, (2) a=a^b, (3) b=a^b を順に行っているが，これは a と b の値の交換を退避用の変数を用いずに行っている。もし退避用の変数 c を用いるのなら，(1) c=a, (2) a=b, (3) b=c を順に行えばよい。ここで用いるのは退避用の変数を用いないエレガントな方法である。この交換により，if 文の実行終了時には，必ず a>=b が成り立つ。つぎに a を出力し，a に a-b を代入して先頭に戻る。終了するのは b が 0 になったときである。このとき，a には最大公約数が格納されており，最後に実行する out(a) によりこの値が出力される。

このプログラムでは，(a,b) の値を (30,21) として実行する。out(a) を実行するときの (a,b) の値はつぎのように変化する。

(30,21), (21,9), (12,9), (9,3), (6,3), (3,3), (3,0)

よって，最後に出力される 3 が最大公約数である。

リスト **5.2** は，TinyC プログラムを TinyASM プログラムに変換し，さらに，

リスト **5.2** ユークリッドの互除法のメモリ形式の機械語プログラムと TinyASM プログラム

```
1    mem[12'h000] = 16'h201B;   //   L1T: PUSH b
2    mem[12'h001] = 16'h5019;   //        JZ L1F      - while(b)
3    mem[12'h002] = 16'h201A;   //        PUSH a
4    mem[12'h003] = 16'h201B;   //        PUSH b
5    mem[12'h004] = 16'hF00F;   //        LT
6    mem[12'h005] = 16'h5012;   //        JZ L2F      - if(a<b)
7    mem[12'h006] = 16'h201A;   //        PUSH a
8    mem[12'h007] = 16'h201B;   //        PUSH b
9    mem[12'h008] = 16'hF007;   //        BXOR
10   mem[12'h009] = 16'h301B;   //        POP b       - b=a^b
11   mem[12'h00A] = 16'h201A;   //        PUSH a
12   mem[12'h00B] = 16'h201B;   //        PUSH b
13   mem[12'h00C] = 16'hF007;   //        BXOR
14   mem[12'h00D] = 16'h301A;   //        POP a       - a=a^b
15   mem[12'h00E] = 16'h201A;   //        PUSH a
16   mem[12'h00F] = 16'h201B;   //        PUSH b
17   mem[12'h010] = 16'hF007;   //        BXOR
18   mem[12'h011] = 16'h301B;   //        POP b       - b=a^b
19   mem[12'h012] = 16'h201A;   //   L2F: PUSH a
20   mem[12'h013] = 16'hE000;   //        OUT         - out(a)
21   mem[12'h014] = 16'h201A;   //        PUSH a
22   mem[12'h015] = 16'h201B;   //        PUSH b
23   mem[12'h016] = 16'hF001;   //        SUB
24   mem[12'h017] = 16'h301A;   //        POP a       - a=a-b
25   mem[12'h018] = 16'h4000;   //        JMP L1T
26   mem[12'h019] = 16'h0000;   //   L1F: HALT
27   mem[12'h01A] = 16'h001E;   //   a:   30
28   mem[12'h01B] = 16'h0015;   //   b:   21
```

メモリ形式の機械語プログラムに変換したものである。TinyASM プログラムについて説明する。b の値が 0 であれば，ラベル L1F に分岐し終了する（2 行目）。つづいて a<b かどうか調べ（6 行目），真なら a と b の値を交換する（7 行目から 18 行目）。a の値を出力し（20 行目），a=a-b の代入を行い（24 行目），先頭に分岐する（25 行目）。

TinyASM プログラムは 28 個のアセンブリコードからなり，対応する機械語コードはメモリの 000 番地から 01B 番地に格納される。ラベルの値はつぎのようになる。

L1F:019   L1T:000   L2F:012   a:01A   b:01B

コラッツの問題の計算プログラムと同様に，これらのラベルの値を用いれば，各アセンブリコードを機械語コードに変換することができる。TinyCPU のテストベンチを用いてシミュレーションを行うと，この機械語プログラムは，時刻 19550 に 3 を出力し，時刻 26150 に停止する。

演習問題

- 【5.1】 5.2.2 項で示した x，y，z の最大値を t に代入する TinyASM プログラムは，代入 t=z を行うプログラムが 2 箇所にある。これを一つにまとめたより短い TinyASM プログラムを示せ。
- 【5.2】 つぎのプログラムを TinyC で書き，それを TinyASM プログラムに変換し，さらに機械語プログラムに変換し，TinyCPU での実行のシミュレーションを行え。
    - (1) $10, 9, \ldots, 1$ を順に出力するカウントダウンプログラム。
    - (2) (1) で，その値が偶数の場合は 2 で割った値，奇数の場合は 3 倍した値を出力するように変更したプログラム。
    - (3) 変数 n の値を 3 で割った商と剰余を順に出力するプログラム。
    - (4) ユークリッドの互除法の TinyC プログラムを do 文を用いるように変更したプログラム。
- 【5.3】 ユークリッドの互除法の TinyC プログラムでは，(1) b=a^b, (2) a=a^b, (3) b=a^b を順に行い，変数 a と b の値の交換を行っている。この手順により，変数 a と b の値が交換できることを説明せよ。
- 【5.4】 C 言語の for 文をどのように TinyASM に変換すればよいか説明せよ。また，つぎのプログラムにその変換法を用いて，TinyASM プログラムに変換せよ。

    for(n=1;n<10;n=n+1){out(n);}
- 【5.5】 C 言語の条件演算「式 1?式 2:式 3」をどのように TinyASM に変換すればよいか説明せよ。また，つぎのプログラムにその変換法を用いて，TinyASM プログラムに変換せよ。

    x=x<0?-x:x;
- 【5.6】 TinyC で「式 1&&式 2」の論理積の形の式は，後置記法に変換され

式 1 の計算
式 2 の計算
AND

の順で TinyASM に変換される。ところが，実際の C 言語では，論理積 AND の計算は行わない。式 1 の計算結果が偽（0）であれば，論理積の計算結果は偽（0）であることが確定するので，式 2 の計算は行わず，計算結果を偽（0）とする。式 1 の計算結果が真（0 でない）の場合のみ，式 2 の計算を行い，その計算結果を用いる。この方法により，「式 1&&式 2」の形の式を TinyASM プログラムに変換する方法を説明せよ。また，つぎのプログラムにその変換法を用いて，TinyASM プログラムに変換せよ。

`if((5<x)&&(x<10)){out(n);}`

【5.7】 前問と同様に，C 言語では「式 1 || 式 2」の論理和を用いる式は，論理和 OR の計算は行わない。式 1 の計算結果で論理和の結果が確定できる場合は式 2 の計算を行わず，確定できない場合のみ式 2 の計算を行う。この方法により，「式 1 || 式 2」の形の式を TinyASM プログラムに変換する方法を説明せよ。また，つぎのプログラムにその変換法を用いて，TinyASM プログラムに変換せよ。

`if((x<5)||(10<x)){out(n);}`

6章 アセンブラの設計

アセンブラの設計

◆本章のテーマ

TinyASM プログラムを機械語プログラムに自動的に変換するアセンブラを Perl を用いて設計する。まず，アセンブラの設計に必要な Perl プログラミングの基礎を具体例により学ぶ。そして，TinyASM のアセンブラの Perl ソースコードを見て，その動作を理解する。

◆本章の構成（キーワード）

6.1 TinyASM アセンブラ
    アセンブラ，Perl
6.2 Perl 超入門
    Perl の基本構文，スカラ変数，リスト，連想配列，パターンマッチ，文字列の置換，正規表現，ファイルの読み込み
6.3 アセンブラの設計
    2 パスアセンブラ，ラベル，変数

◆本章を学ぶと以下の内容をマスターできます

☞ Perl の基本データ構造（スカラ変数，リスト，連想配列）
☞ Perl の制御構文（while，foreach）
☞ Perl によるファイル処理と文字列処理
☞ Perl で記述された TinyASM アセンブラの動作

6.1　TinyASM アセンブラ

これまで，TinyASM プログラムを機械語プログラムに変換するのを手作業で行うハンドアセンブルを行ってきた。これを自動化するプログラムが**アセンブラ**である。基本的に TinyASM プログラムの各アセンブリコードを機械語コードに変換すればよい。この処理は TinyASM プログラムを最初から読んでいく処理を 2 回行う。よって，2 パスアセンブラと呼ばれる。1 回目は前処理であり，TinyASM プログラム内のすべてのラベルの値を求める。2 回目は，そのラベルの値をオペランドに用いて，各アセンブリコードを機械語コードに変換する。この処理を自動的に行う TinyASM アセンブラを Perl を用いて設計する。Perl の知識がなくても理解できるよう，Perl の超入門から始める。

6.2　Perl 超 入 門

Perl は C 言語に似たプログラミング言語である。連想配列や文字列処理を標準でサポートしており，TinyASM アセンブラをきわめてコンパクトに記述することができる。この節では，TinyASM アセンブラを理解するために必要な最低限の Perl の知識を学ぶ。

6.2.1　Perl プログラムの基本構造とスカラ変数

ごく簡単なプログラムを用いて，Perl プログラムの基本構造とスカラ変数について説明する。リスト **6.1** は，コマンドラインの引数で与えた整数が素数かどうかを判定する。このプログラムをファイル `prime.pl` に保存されているものとする。すると，13 が素数かどうかを判定するには，つぎのようにコマンドラインからプログラムを起動する。

```
$ ./prime.pl 13
```

リスト **6.1**　素数判定プログラムの Perl ソースコード `prime.pl`

```
1  #!/usr/bin/env perl
2
3  $n=$ARGV[0];
4  for($i=2;$i<=sqrt($n);$i++){
5    if($n%$i==0){
6      printf("%d is not prime.\n",$n);
7      exit(0);
8    }
9  }
10 printf("%d is prime.\n",$n);
```

```
13 is prime.
```

13 は素数であると出力される。

　リスト 6.1 の 1 行目は，Linux 環境で Perl インタプリタを指定するための記述であり，Perl プログラムの 1 行目に必ず記述する必要がある。

　Perl の**スカラ変数**は，$ で始まる文字列であり，数値や文字列を一つ記憶することができる。C 言語のように用いる変数をあらかじめ宣言する必要はない。3 行目では，スカラ変数 `$n` に `$ARGV[0]` を代入している。この `$ARGV[0]` は定義済みの特殊なスカラ変数であり，コマンドラインの最初の引数が代入されている。先の実行例では，13 が `$ARGV[0]` に代入され，3 行目の実行後にはスカラ変数 `$n` にその 13 が代入される。C 言語ではメイン関数を

```
int main(int argc,char *argv[])
```

と宣言すると，`argv[0]` が実行コマンド名であり，`argv[1]` が最初の引数に対応する。Perl では C 言語に比べて一つずれて，`$ARGV[0]`, `$ARGV[1]`, ... が，それぞれ最初の引数，2 番目の引数，... となる。以下，`$ARGV[2]`, `$ARGV[3]`, ... は，3 番目の引数，4 番目の引数，... となる。

　4 行目の for 文は C 言語と同じであり，ループ制御変数としてスカラ変数 `$i` を用いてその値を 2 から始めて値を 1 ずつ増やし，`$i` が `sqrt($n)`（つまり $\sqrt{\$n}$）を超える直前まで，つづく中かっこ内を繰り返し実行する。5 行目の if 文では，`$n` が `$i` で割った余りが 0 かどうか，つまり割り切れるかどうかを判

定している。もし割り切れたら素数ではないので，6 行目の printf 文が実行される。これは C 言語の printf 文と同じで，"%d is not prime.\n" の %d は，つづく $n の値の 10 進表示で置き換えられ，出力される。最後の\n は C 言語と同じく改行を指示する。そして 7 行目の exit(0) でプログラムを終了する。この for 文において，$n が $i で一度も割り切れなければ素数である。よって，10 行目で，"%d is prime.\n"を printf 文で出力している。

6.2.2　ファイルの読み出し，リスト，連想配列

Perl では，テキストファイルの行単位の処理を簡単に書くことができる。また，リストや連想配列を簡単に扱うことができる。**リスト**とは値の列を保存することのできるデータ構造である。**連想配列**は，文字列をインデックスとして値を保持することができるデータ構造である。通常の一次元配列では，整数 $0, 1, 2, \ldots$ をインデックスとして値を保持することができるが，このインデックスを任意の文字列としたものが連想配列である。連想配列の場合，このインデックスをキー（key）と呼ぶ。

テキストファイル data につぎの内容が書かれているものとする。

```
apple 100
orange 80
melon 200
banana 50
```

これらのデータをいったんリストと連想配列に読み込んでリストと連想配列を参照しながら，整形した出力を出すプログラムを作成する。**リスト 6.2** がそのプログラムである。コマンドラインからファイル data を指定して list.pl を実行するとつぎの出力が得られる。

```
$ ./list.pl data
apple is 100 yen
orange is 80 yen
```

リスト **6.2**　Perl ソースコード list.pl

```
1   #!/usr/bin/env perl
2
3   while(<>){
4     if(/^\s*(\w+)\s+(\d+)/){
5       push(@product,$1);
6       $price{$1}=$2;
7     }
8   }
9
10  foreach(@product){
11    printf("%s is %d yen\n",$_,$price{$_});
12  }
```

```
melon is 200 yen
banana is 50 yen
```

　この Perl ソースコードには，ファイル読み込み，パターンマッチ，リスト，連想配列の処理が含まれている。3 行目の while(<>) では，コマンドラインの引数をファイル名として，ファイルを 1 行ずつ読み出す。読み出された 1 行の文字列はあらかじめ定義された特殊変数 $_ に代入される。また，コマンドラインの引数ではなく，Linux のリダイレクトを用いて標準入力からデータを与えることもできる。よって，つぎを実行しても，同じ結果が得られる。

```
$ ./list.pl < data
```

　4 行目の if 文の中にある，/^\s*(\w+)\s+(\d+)/ は $_ に代入された文字列に対してパターンマッチを行う。パターンは**正規表現**で表されている。最初の「^」は，$_ に代入された文字列の先頭を意味する。\s, \w, \d は，それぞれ空白文字（スペース，タブ），単語文字（英字数字など），数字（0 から 9）の 1 文字を表す。また，「*」は 0 回以上の繰り返し，「+」は 1 回以上の繰り返しを意味する正規表現の記法である。丸かっこは，それで囲まれた部分をまとまりとして扱い，取り出すことを意味する。これにより，$_ に代入されている文字列がつぎを満たす場合，真となりつづく中かっこ内の文が実行される。

1. 先頭から 0 文字以上の空白文字があり（^\s*）
2. つづいて，1 文字以上の単語文字があり（(\w+)）
3. つづいて，1 文字以上の空白文字があり（\s+）
4. つづいて，1 文字以上の数字がある（(\d+)）

そして，2. と 4. が丸かっこで囲まれているので，これらにマッチした部分文字列があらかじめ定義された特殊変数 $1 と $2 にそれぞれ代入される。もし，最初の^を省略すると，文字列の途中からのパターンマッチも行われる。

　5 行目の @product は，リストであり，push により，$1 の値が追加される。while 文の終了時には，四つの文字列が追加され，リスト @product の内容は

@product=(apple,orange,melon,banana)

となる。6 行目の $price は連想配列であり，文字列をキー（インデックス）として値を代入することができる。例えば，最初は $1 が apple で，$2 が 100 なので，apple をキーとして $price{apple}=100 の代入が行われる。$price{apple} が連想配列の一要素を表しており，この代入後にその値は 100 となる。また，連想配列全体を表すときは %price と書く。よって，while 文の終了時の連想配列 %price の内容は

%price=(apple=>100,orange=>80,melon=>200,banana=>50)

となる。ここで，apple=>100 は連想配列のキー apple の値は 100 であることを表している。

　10 行目の foreach 文で，リスト @product の各要素を一つずつ $_ に代入して，中かっこ内の処理を行う。まず，@product の最初の要素 apple が，$_ に代入される。そして，11 行目の printf 文が実行される。C 言語と同じく，%s と %d は，後につづく引数の文字列と整数で置き換えられ出力される。$_ が apple で，$price{apple} の値は 100 なので，apple is 100 yen と出力される。

　10 行目の foreach 文で，@product を，keys %price に変更することもできる。この keys %price は，%price のすべてのキーを取り出してリストにした

ものを表す。このようにすれば，@product を用いないので，5 行目を削除する
ことができる。ただし，四つのキーがどのような順でリストになるかわからな
いので，出力される順序は予想できない。アルファベット順のリストにするに
は sort を用いて，sort keys %price とすればよい。

6.2.3　文字列の置換

　Perl の文字列の置換の機能を用いれば，リスト 6.2 と同じ処理をより簡単に
書くことができる。**リスト 6.3** はその Perl ソースコードである。4 行目の if
文の条件にある，s/^\s*(\w+)\s+(\d+)/$1 is $2 yen/が書き換えを行っ
ている。これの左側の ^\s*(\w+)\s+(\d+) は，リスト 6.2 の 4 行目と同じで
ある。$_ に代入されている文字列が^\s*(\w+)\s+(\d+) にマッチしたとき，
$1 には，\w+とマッチした文字列が代入され，$2 には，\d+とマッチした文字列が
格納される。そして，^\s*(\w+)\s+(\d+) にマッチした部分が，右側の
$1 is $2 yen で置き換えられる。ここで，$1 と $2 は，それらに代入され
ている文字列となる。例えば，data の 1 行目 apple 100 が$_に代入されて
いるときに 4 行目が実行されると，$1 が apple, $2 が 100 なので，$_ が
apple is 100 yen に書き換えられる。そして，置換が行われたときは if 文の
条件は真となり，5 行目の print が実行される。この print は $_ に代入され
ている文字列を出力する。

リスト **6.3**　Perl ソースコード rewrite.pl

```
1  #!/usr/bin/env perl
2
3  while(<>){
4    if(s/^\s*(\w+)\s+(\d+)/$1 is $2 yen/){
5      print;
6    }
7  }
```

6.3　アセンブラの設計

前節までの Perl の知識をベースに TinyCPU のアセンブリ言語プログラムを
機械語プログラムに変換するアセンブラを Perl で設計することができる。

リスト **6.4** がその Perl ソースコードである。このアセンブラは 2 パスであ

リスト **6.4**　アセンブラの Perl ソースコード tinyasm.pl

```perl
 1  #!/usr/bin/perl -W
 2
 3  %MCODE=(HALT=>0x0000,PUSHI=>0x1000,PUSH=>0x2000,POP=>0x3000,JMP=>0x4000,
           JZ=>0x5000,JNZ=>0x6000,IN=>0xD000,OUT=>0xE000,ADD=>0xF000,
           SUB=>0xF001,MUL=>0xF002,SHL=>0xF003,SHR=>0xF004,BAND=>0xF005,
           BOR=>0xF006,BXOR=>0xF007,AND=>0xF008,OR=>0xF009,EQ=>0xF00A,
           NE=>0xF00B,GE=>0xF00C,LE=>0xF00D,GT=>0xF00E,LT=>0xF00F,NEG=>0xF010,
           BNOT=>0xF011,NOT=>0xF012);
 4
 5  $addr=0;
 6  while(<>){
 7    push(@source,$_);
 8    if(s/^\s*(\w+)://){$label{$1}=$addr;}
 9    if(/^\s*(-?\d+|[A-Z]+)/){$addr++;}
10  }
11
12  $addr=0;
13  foreach(@source){
14    $m=$_;
15    s/^\s*\w+://;
16    if(/^\s*PUSHI\s+(-?\d+)/){
17      printf("mem[12'h%03X]=16'h%04X;",$addr++,$MCODE{PUSHI}+($1&0xfff));
18    }elsif(/^\s*(PUSH|POP|JMP|JZ|JNZ)\s+(\w+)/){
19      printf("mem[12'h%03X]=16'h%04X;",$addr++,$MCODE{$1}+$label{$2});
20    }elsif(/^\s*([A-Z]+)/){
21      printf("mem[12'h%03X]=16'h%04X;",$addr++,$MCODE{$1});
22    }elsif(/^\s*(-?\d+)/){
23      printf("mem[12'h%03X]=16'h%04X;",$addr++,$1&0xffff);
24    }else{
25      printf("%21s","");
26    }
27    printf(" // %s",$m);
28  }
```

り，入力の TinyASM プログラムの先頭から末尾まで順に処理するのを 2 回繰り返す。1 パス目は，すべてのラベルの値を求め，連想配列 %label に代入する。連想配列 %label は，ラベルをキーとし，その値を代入する。2 パス目は，各アセンブリコードを機械語コードに変換する。ジャンプ先のラベルや変数などのオペランドをもつアセンブリコードは，対応する機械語コードを求めるのにラベルの値が必要となる。そのラベルの値が決定できるのが，現在処理中のアセンブリコードより後に現れることがある。よって，すべてのラベルの値を決定するため，2 パスとなっている。

　3 行目で，表 4.1 にしたがって，ニーモニックとそれに対応する 16 ビットの値を定義している。ここで，0x で始まる数字の文字列は，C 言語と同じく 16 進表記で数値を表している。例えば，PUSH の 16 ビットの機械語コードの最上位の 4 ビットは 0010 なので，16 進数で 0x2000 となっている。

　5 行目から 10 行目が 1 パス目である。addr に現在処理中のアセンブリコードに対応する番地を代入する。6 行目の while 文で入力のアセンブリ言語プログラムから 1 行読んで，変数 $_ に代入している。そして，7 行目で，この $_ をリスト @source に追加している。これは 2 パス目で TinyASM プログラムを最初から読んで処理するためである。

　8 行目で，$_ に代入されている行が ^\s*(\w+): にマッチするかを調べる。これは L1T: の形式のラベルにマッチさせることを意図している。具体的には，先頭から空白文字が 0 文字以上あり，その後に英数字の文字列がつづき，コロン : がある場合にマッチする。マッチした場合，$1 にラベルの文字列が代入され，$label{$1} に現在の番地 $addr の値を代入する。また，s/^\s*(\w+):// は置換であり，置換先が空なので，マッチした場合にはマッチした部分，つまりラベルが $_ から削除される。

　9 行目で，$_ にアセンブリコードが含まれているかどうか判定している。その前の 8 行目で，$_ からラベルを削除しているので，英字の文字列もしくは数値があれば，この行はアセンブリコードを含むと判定できる。その判定は，^\s*(-?\d+|[A-Z]+) で行っている。ここで，-?\d+ は，-（マイナス記号）が

0 個または 1 個あり，数字が 1 回以上つづく場合，つまり数値にマッチする。
[A-Z]+ は，英大文字が 1 回以上つづく場合，つまりニーモニックの場合にマッチする。よって，`^\s*(-?\d+|[A-Z]+)` は，先頭から空白文字が 0 個以上あり，数値もしくはニーモニックがつづく場合にマッチする。そして，マッチした場合に $addr の値を 1 増やしている。よって，$addr は現在処理中のアセンブリコードを変換した機械語コードが格納される番地となり，ラベルの値が正しく連想配列 %label に代入される。

12 行目以降は 2 パス目の処理である。13 行目の foreach 文で，リスト @source からアセンブリ言語プログラムを 1 行ずつ取り出し，変数 $_ に代入して，つづく中かっこ内に定義されている処理を行う。まず，14 行目でこの $_ を変数 $m にコピーし，15 行目で $_ にラベルの定義があればそれを削除する。そして，16 行目からの if 文で，$_ にアセンブリコードが含まれていれば，それを機械語コードに変換して出力する。

16 行目は PUSHI 命令の場合の処理である。PUSHI 命令の場合はオペランドが数値なので，`(-?\d+)` によりこの数値にマッチし，変数 $1 に代入される。マッチした場合は，17 行目の printf 文が実行される。%03X は $addr の値を 3 桁の 16 進数で出力することを指定している。この 16 進数が 3 桁に満たない場合も上位桁に 0 を付けて，3 桁とする。例えば，$addr の値が 10 進数で 26 の場合，01A となる。$addr++ となっているので，変数 $addr の値が 1 増えるが，表示に用いられる $addr の値は増える前の値である。$addr の値が読まれた後で，$addr の値が 1 増える。%04X も同様に，4 桁の 16 進数で出力することを指定している。出力されるのは，$MCODE{PUSHI}+($1&0xfff) の値である。これは PUSHI のニーモニックの値 0x1000 に，オペランドの数値の下位 12 ビット $1&0xfff を加算した値であり，出力すべき機械語コードである。printf 文により，メモリ回路のモジュール ram の初期化部分に組み込める形のフォーマットで出力している。

18 行目はオペランドがラベルであるアセンブリコードの処理を行っている。ここで elsif は C 言語の else if と同じである。マッチすると，$1 にニーモニッ

ク, $2 にオペランドの文字列が代入される。よって, `$MCODE{$1}+$label{$2}`
は出力すべき機械語コードの値である。

20 行目はオペランドをもたないアセンブリコードの処理である。ニーモニッ
クの文字列が `$1` に代入されるので, `$MCODE{$1}` を出力している。

22 行目はアセンブリコードが数値の場合, つまり変数宣言の場合の処理であ
る。マッチすると, 数値が `$1` に代入される。その値を `$1&0xffff` で下位 16
ビットだけを出力している。

25 行目はいずれにも該当しない場合で, これまでの出力と長さを合わせるた
めに 21 文字のスペースを出力している。

最後に, 27 行目で `$m` の文字列, つまりもとのアセンブリコードをコメント

リスト **6.5** コラッツの問題の計算を行う TinyASM プログラム `collatz.asm`

```
 1  L1T: PUSH n
 2       PUSHI 1
 3       GT
 4       JZ L1F   - while(n>1)
 5       PUSH n
 6       OUT      - out(n)
 7       PUSH n
 8       PUSHI 1
 9       BAND
10       JZ L2F   - if(n&1)
11       PUSH n
12       PUSHI 3
13       MUL
14       PUSHI 1
15       ADD
16       POP n    - n=n*3+1
17       JMP L2T
18  L2F: PUSH n
19       PUSHI 1
20       SHR
21       POP n    - n=n>>1
22  L2T: JMP L1T
23  L1F: PUSH n
24       OUT      - out(n)
25       HALT
26  n:   11
```

文として出力している。25 行目で 21 文字のスペースを出力したのは，ラベル
だけの行のコメントの表示位置を他の行と合わせるためである。

　リスト **6.5** は，コラッツの問題の計算を行う TinyASM プログラム
collatz.asm である。この TinyASM プログラムに対して tinyasm.pl をつ
ぎのように実行する。

$ ./tinyasm.pl　collatz.asm

すると，リスト 5.1 のメモリ回路初期化形式の機械語プログラムが得られる。

演習問題

【6.1】　リスト 6.4 のアセンブラを改造し，ラベルと値の一覧も表示するようにせ
　　　　よ。例えば，リスト 6.5 の TinyASM プログラムを入力した場合，つぎの
　　　　ラベルと値の一覧が出力される。
　　　　L1F:016
　　　　L1T:000
　　　　L2F:011
　　　　L2T:015
　　　　n:019
【6.2】　リスト 6.4 のアセンブラは，エラー処理を行っておらず，ニーモニックを間
　　　　違って書いた場合，意味不明なエラーメッセージが表示される。このよう
　　　　な場合，その行番号を含んだエラーメッセージを表示して，停止するよう
　　　　にせよ。例えば，リスト 6.5 の TinyASM プログラムで 24 行目の OUT を
　　　　OUTPUT と間違って書いた場合，つぎのエラーメッセージが表示されるよう
　　　　にせよ。
　　　　ERROR! line 24: instruction OUTPUT is not defined.
　　　　〔ヒント〕　Perl の defined 関数は未定義の連想配列の要素を与えると偽を
　　　　返す。
【6.3】　リスト 6.4 のアセンブラを改造し，未定義のラベルがオペランドに用いら
　　　　れた場合，その行番号を含んだエラーメッセージを表示して，停止するよ
　　　　うにせよ。例えば，リスト 6.5 の TinyASM プログラムで 1 行目のラベル
　　　　L1T: を削除した場合，つぎのエラーメッセージが表示されるようにせよ。

ERROR! line 22: label L1T is not defined.

【6.4】 リスト 6.4 のアセンブラを改造し，オペランドが必要なアセンブリコード
であるにもかかわらず，オペランドがない場合に，その行番号を含んだエ
ラーメッセージを表示して，停止するようにせよ。例えば，リスト 6.5 の
TinyASM プログラムで 5 行目のラベル PUSH n の n を削除した場合，つ
ぎのエラーメッセージが表示されるようにせよ。

ERROR! line 5: operand for PUSH is missing.

【6.5】 リスト 6.4 のアセンブラを改造し，PUSHI のオペランドが 12 ビットの 2 の
補数の範囲外の場合，その行番号を含んだエラーメッセージを表示して，停
止するようにせよ。例えば，リスト 6.5 の TinyASM プログラムで 2 行目
のラベル PUSHI 1 を PUSHI 4000 とした場合，つぎのエラーメッセージが
表示されるようにせよ。

ERROR! line 2: operand 4000 of PUSHI is out of range.

7章 コンパイラの設計

◆本章のテーマ

TinyC プログラムを TinyASM プログラムに変換するコンパイラをコンパイラ作成ツールの Flex（字句解析ツール）と Bison（構文解析ツール）を用いて行う。これらの使い方を学ぶため，後置記法の式の計算を行うプログラムを Flex を用いて設計する。また，中置記法の式の計算を行うプログラムを Flex と Bison の両方を用いて設計する。そして，TinyC の代入文専用のコンパイラを設計し，最後に TinyC コンパイラを設計する。

◆本章の構成（キーワード）

7.1 TinyC コンパイラの概略

　　コンパイラ，字句解析ツール，構文解析ツール，トークン

7.2 Flex を用いた後置記法の式の計算

　　式の後置記法，スタック，文法規則，パターンマッチ，動作記述

7.3 Flex と Bison を用いた中置記法の式の計算

　　式の中置記法，演算の優先順位，左結合，非終端記号，意味値，シフト，還元，空規則，左再帰規則

7.4 代入文専用のコンパイラ

　　TinyC の予約語，共用体の意味値，右結合，アセンブリコードの出力

7.5 TinyC コンパイラ

　　変数宣言，if 文，while 文，do 文，コラッツの問題，ユークリッドの互除法

◆本章を学ぶと以下の内容をマスターできます

☞　字句解析記述と構文解析記述の書き方

☞　シフトと還元による文法規則の適用方法

☞　式計算を行う文法規則の書き方

☞　TinyC の基本構文のための文法規則の書き方

7.1   TinyC コンパイラの概略

　これまでは，手作業で TinyC プログラムを TinyASM プログラムに変換する
ハンドコンパイルを行ってきた。この作業を自動的に行うプログラムが**コンパ
イラ**である。コンパイラの作成には，オープンソースのツール **Flex** と **Bison**
を用いる。これらのコンパイラ作成ツールを用いることにより，TinyC コンパ
イラのための C 言語プログラムを自動生成することができる。この C 言語プ
ログラムを GNU C コンパイラ（gcc）などの C 言語コンパイラを用いてコン
パイルすれば，TinyC コンパイラとなる。**図 7.1** はその TinyC コンパイラの
生成法を図示している。

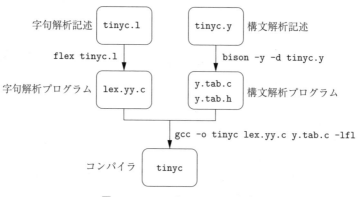

図 7.1　コンパイラ tinyc の生成

　Flex は**字句解析ツール**である。字句解析とは，入力のプログラムの中の**予約
語**（if, while などのあらかじめ定められた名前），数値，変数名などを**トークン**
（意味をもつ部分文字列）に変換する作業である。例えば，TinyC プログラム

if(x>=1)

は，六つのトークン IF, (, NAME, GE, NUMBER,) の列

IF (NAME GE NUMBER)

に変換される。ここで丸かっこも一つのトークンであることに注意する。この
ような処理を行うために，コンパイラ設計者は Flex に準拠した**字句解析記述**
（字句解析の規則）を書く。図 7.1 に示したように，字句解析記述を書いたファ
イル tinyc.l に Flex を用いることにより，字句解析プログラム lex.yy.c を
生成することができる。Flex の字句解析記述の拡張子は.l を用いる。

　Bison は**構文解析ツール**である。入力は字句解析プログラムが生成するトーク
ン列である。このトークンの列を解析して，TinyASM プログラムを出力する。
コンパイラ設計者は，Bison に準拠した**構文解析記述**（構文解析の規則）を書く。
図 7.1 に示したように，構文解析記述 tinyc.y に Bison を用いれば，字句解析
プログラム y.tab.c とそのヘッダファイル y.tab.h が生成される。Bison の
構文解析記述の拡張子には.y を用いる。Flex と Bison が出力した lex.yy.c
と y.tab.c を C 言語コンパイラを用いてコンパイルすることにより，コンパ
イラ tinyc が得られる。

7.2　Flex を用いた後置記法の式の計算

　後置記法の式の計算を行うプログラムを題材に，Flex に準拠した字句解析記
述の書き方を説明する。具体的には，加算 +，減算 −，乗算 * の三つの演算子と
非負整数で表された後置記法の式を計算し，計算結果を出力するプログラムを
Flex を用いて作成する。このプログラムは，後置記法の式を読みながら，表3.1
に示したようにスタック上で計算を行う。

　リスト7.1は後置記法の式計算を行う Flex の字句解析記述 postfix.l であ
る。2行目から8行目は，C 言語の宣言部であり，Flex が生成する字句解析 C
言語プログラムの先頭部分に配置され，変数の宣言や，後で定義する関数の**プロ
トタイプ宣言**などを行う。ここでは，大きさ4の整数配列 s の宣言と，後で定
義する六つの関数のプロトタイプ宣言を行っている。この s は後置記法の式を
計算するときに値が代入されるスタックである。s[0] がスタックトップで，
s[1] がスタックの2番目である。また，printstack() はスタック s の全要素

リスト **7.1**　後置記法の式計算を行う Flex 字句解析記述 postfix.l

```
1  %{
2  int s[4];
3  void printstack();
4  void push(int);
5  int pop();
6  void add();
7  void sub();
8  void mul();
9  %}
10 %%
11 \n printf("result=%d\n",pop());
12 [0-9]+ {push(atoi(yytext));printstack();}
13 \+ {add();printstack();}
14 - {sub();printstack();}
15 \* {mul();printstack();}
16 .
17 %%
18 void printstack(){printf("%d %d %d %d\n",s[0],s[1],s[2],s[3]);}
19 void push(int x){s[3]=s[2];s[2]=s[1];s[1]=s[0];s[0]=x;}
20 int pop(){int x=s[0];s[0]=s[1];s[1]=s[2];s[2]=s[3];return(x);}
21 void add(){s[0]=s[1]+s[0];s[1]=s[2];s[2]=s[3];}
22 void sub(){s[0]=s[1]-s[0];s[1]=s[2];s[2]=s[3];}
23 void mul(){s[0]=s[1]*s[0];s[1]=s[2];s[2]=s[3];}
```

を表示する関数である。push(int), pop(), add(), sub(), mul() はスタックへのプッシュとポップ，スタック上での加算，減算，乗算を行う関数である。これらの関数のプロトタイプ宣言を行っている。

11 行目から 16 行目は，入力を先頭から読んでいきマッチしたときに行う動作を定義している。各行は，つぎの形式である。

パターン　動作記述

パターンは正規表現で記述される。動作記述は，C 言語のプログラムである。複数の文からなる場合は中かっこ {} で囲む必要がある。

11 行目は改行\n にマッチしたとき，つづく printf 文が実行される。ここでは，printf 文により，関数 pop() が返す値を表示している。

12 行目のプラス記号 + は 1 回以上の繰り返しを表し，角かっこは文字の範囲

を指定するので，この行は数字の1回以上の繰り返しにマッチする。この際，マッチする文字列が最大長になるようにする。つまり，現在の文字列が「34 」（34の後に空白文字スペースがある）のとき，1文字3にマッチするのではなく，2文字34にマッチする。yytext はマッチした文字列が格納されている変数である。よって，C言語のライブラリ関数 atoi により，数字の文字列が整数値に変換され，スタックにプッシュされる。

13行目から15行目は，それぞれ+, -, *の文字にマッチした場合の動作を定義している。正規表現では，プラス記号「+」は1回以上の繰り返し，アスタリスク記号「*」は0回以上の繰り返しを表すのに用いられるので，加算+と乗算*にはエスケープ文字「\」（バックスラッシュ）を付けている。加算+にマッチした場合は，関数 add() と printstack() が実行される。減算-にマッチした場合は，関数 sub() と printstack() が実行される。乗算*にマッチした場合は，関数 mul() と printstack() が実行される。

16行目の「.」（ピリオド）は，任意の1文字にマッチする。動作部の記述がないので，ここでマッチが起きた場合は，つまりこれより上の11行目から15行目でマッチが起きなかった場合は，なにも行われない。

18行目から23行目は，追加のC言語プログラム，つまり六つの関数を定義している。printstack() は，printf を用いて，スタックの四つの値を表示している。push(int x) は，数値 x のプッシュ操作をスタックに行う。pop() は，スタックのポップ操作を行い，ポップ操作を行う前のスタックトップの値 x を返り値とする。add(), sub(), mul() はスタック上で二項演算を行っている。スタックの2番目 s[1] とスタックトップ s[0] で二項演算を行い，スタックのポップ操作を行っている。いずれも簡単なC言語プログラムなので，プログラムを見ればその動作は容易に理解できる。

リスト7.1の字句解析記述のファイル postfix.l を Flex でC言語プログラムに変換するには，コマンドラインからつぎを実行する。

```
$ flex postfix.l
```

すると，字句解析プログラム lex.yy.c が生成される。これを C 言語コンパイ
ラの gcc を用いてコンパイルする。

```
$ gcc -o postfix lex.yy.c -lfl
```

ここで，-lfl は Flex 用のライブラリを指定している。これにより，後置記法
の式評価を行う実行プログラム postfix がつくられる。

　postfix をコマンドラインから実行し，後置記法の式をキーボードで入力す
ると，スタックの値の推移と，計算結果が表示される。例えば，後置記法の 34
12 2 * - はつぎのように計算することができる。

```
$ ./postfix
34 12 2 * -
34 0 0 0
12 34 0 0
2 12 34 0
24 34 0 0
10 0 0 0
result=10
```

スタックの変化も表示される。また，後置記法の式をつづけて入力すること も
できる。後置記法にない文字や記号を入力した場合，16 行目の文法規則により
無視される。終了するときは Ctrl+d（Ctrl キーを押しながら d キーを押す）を
入力すればよい。

　Flex の字句解析記述はつぎの形式であり，四つの部分から構成される。

```
%{
C 言語の宣言部
%}
Flex の宣言部
%%
```

Flex の文法規則部

%%

追加の C 言語プログラム

リスト 7.1 では，2 行目から 8 行目が C 言語の宣言部，Flex の宣言部はなく，11 行目から 16 行目が Flex の文法規則部，18 行目以降が追加の C 言語プログラムである。複数の文法規則からなる Flex の文法規則部において，入力文字列が複数の文法規則にマッチする場合，そのうちの一つがつぎの手順で選ばれる。

- マッチする文字列が最大長となる文法規則を選ぶ。
- 最大長となる文法規則が複数ある場合は，そのうち最初に記述されているものを選ぶ。

例えば，リスト 7.1 において，減算 - は，14 行目と 16 行目で 1 文字としてマッチするが，最初の 14 行目の動作が行われる。

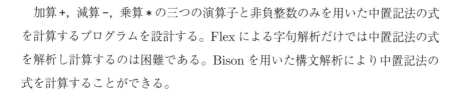

7.3 Flex と Bison を用いた中置記法の式の計算

加算 +，減算 -，乗算 * の三つの演算子と非負整数のみを用いた中置記法の式を計算するプログラムを設計する。Flex による字句解析だけでは中置記法の式を解析し計算するのは困難である。Bison を用いた構文解析により中置記法の式を計算することができる。

7.3.1 Flex による字句解析

まず，Flex を用いて中置記法の式の字句解析を行う。リスト 7.2 がその字句解析記述である。2 行目でファイル y.tab.h を読み込んでいる。これはこの後で設計する Bison により生成される構文解析プログラムのヘッダファイルである。トークンに割り当てられた整数値などが定義されている。

5 行目は数字列にマッチする。マッチした数字列を C 言語のライブラリ関数 atoi で整数に変換し，あらかじめ予約された変数 yylval に代入している。そ

リスト **7.2** 　中置記法の式計算を行う Flex 字句解析記述 infix.l

```
1  %{
2  #include "y.tab.h"
3  %}
4  %%
5  [0-9]+ {yylval=atoi(yytext);return(NUM);}
6  (\+|-|\*|\n) return(yytext[0]);
7  .
8  %%
```

して，トークン NUM を返している。これは，数字列がトークンに変換されると
考えるとわかりやすい。このトークンは Bison の構文解析記述で宣言される。
トークンは整数の**意味値**をもつことができる。意味値をトークンに割り当てる
には，return の前に，意味値としたい整数を変数 yylval に代入する。よって，
トークン NUM の意味値は，マッチした数字列を整数値に変換したものになる。

　6行目は，加算 +，減算 -，乗算 *，改行 \n のいずれかであればマッチする。
変数 yytext は，マッチした文字列を格納しているので，yytext[0] はその1
文字，つまり，+，-，*，\n のいずれかである。これらの1文字もトークンと
して扱われる。これらのトークンは意味値をもたない。

　Flex により生成される字句解析プログラムでは，トークンは整数値で識別さ
れる。すべての1文字はトークンとして扱われ，その文字コードがトークンを識
別する整数値となる。NUM のようにコンパイラ設計者が定義するトークンには文
字コードにない整数値が重複しないように自動的に割り当てられる。トークン
は Bison の構文解析記述で定義し，Bison が出力するヘッダファイル y.tab.h
には，Bison がトークンに割り当てた整数値の情報が書かれる。実際，今回設
計する中置記法の式の計算プログラムでは，Bison はトークン NUM に整数 258
を割り当てる。この整数と，トークンの意味値は別であることに注意する。先
に説明したとおり，トークン NUM の意味値はマッチした数字列を整数に変換し
たものである。

　Bison の構文解析 C 言語プログラムが入力からトークンを一つ読み出すため

に，Flex の字句解析 C 言語プログラムで定義されている関数 yytext() を呼び出す。もし 5 行目の数字列にマッチすると，yytext() は return(NUM); を実行し，NUM の値 258 を関数の返り値として終了する。そのとき，変数 yylval には意味値が格納されている。

この Flex 字句解析記述から生成された C 言語プログラムは，入力される式をトークンに変換する。例えば，中置記法の式 1+2*3-4 は，トークンの列 NUM+NUM*NUM-NUM に変換される。NUM だけでなく，演算子 +, -, * もトークンであることに注意する。

7.3.2 Bison による構文解析

入力されるトークン列を解析するための構文解析記述を書く。つぎの四つの文法規則を用いて，トークンの列を置換する。

> 還元 1   expr ← NUM   {$$=$1}
> 還元 2   expr ← expr+expr   {$$=$1+$3}
> 還元 3   expr ← expr-expr   {$$=$1-$3}
> 還元 4   expr ← expr*expr   {$$=$1*$3}

還元とは，文法規則の「←」の右辺を左辺に置換する操作である。この expr を**非終端記号**と呼ぶ。形式言語理論の分野において，文法規則の左辺に現れる記号を非終端記号と呼び，左辺に現れず，右辺にのみ現れる記号を**終端記号**と呼ぶことから，ここでは，expr を非終端記号と呼ぶことにする。その意味で，トークンは終端記号である。還元は，入力が右辺のパターンにマッチするとき，そのパターンを左辺の非終端記号に置換する。ただし，二項演算の優先順位（乗算 * は加算 + と減算 - より優先順位が高い）を正しく反映させるため，還元には優先順位があり，還元 4 は還元 2 と 3 より優先順位が高いものとする。またこれらの二項演算は**左結合**であり，同じ優先順位の二項演算が並んでいる場合，左にあるほうを優先する。

また，中かっこ {} の中は，その還元を実行した場合に行う意味値の計算であ

る。$$ は左辺の非終端記号の意味値である。また，整数 n に対して，$n は右辺の最初から n 番目の要素（トークンまたは非終端記号）の意味値である。例えば，還元 1 の場合の $$=$1 は，最初の要素であるトークン NUM の意味値を非終端記号 expr の意味値とすることを意味する。また，還元 2 の $$=$1+$3 は，expr+expr の最初の要素である左の expr の意味値と 3 番目の要素である右の expr の意味値を加算し，左辺の非終端記号 expr の意味値とすることを意味する。

つぎにこれらの文法規則を用いて，字句解析プログラムで生成されたトークンの列を解析する。具体例として，数式 1+2*3-4 を字句解析で変換したトークンの列 NUM+NUM*NUM-NUM に対して，文法規則を適用する。**表 7.1** は，構文解析過程を示している。ここでは，トークン NUM の直後の角かっこ [] の中の数値は，その意味値（トークンに変換前の数値）を表している。以降では，構文解析過程を示すときに，意味値をこのように角かっこ [] を用いて表すことにする。

表 7.1　中置記法の式の構文解析過程

操　作	トークン列	計　算
入　力	↓NUM[1]+NUM[2]*NUM[3]-NUM[4]	
シフト	NUM[1]↓+NUM[2]*NUM[3]-NUM[4]	
還元 1	expr[1]↓+NUM[2]*NUM[3]-NUM[4]	
シフト	expr[1]+NUM[2]↓*NUM[3]-NUM[4]	
還元 1	expr[1]+expr[2]↓*NUM[3]-NUM[4]	
シフト	expr[1]+expr[2]*NUM[3]↓-NUM[4]	
還元 1	expr[1]+expr[2]*expr[3]↓-NUM[4]	
還元 4	expr[1]+expr[6]↓-NUM[4]	[6]=[2]*[3]
還元 2	expr[7]↓-NUM[4]	[7]=[1]+[3]
シフト	expr[7]-NUM[4]↓	
還元 1	expr[7]-expr[4]↓	
還元 3	expr[3]↓	[3]=[7]-[4]

シフトは，トークン列を先頭から読んでいく操作である。ここでは，読み終えた位置を示すのに，読み終えた場所の直後に下矢印「↓」を挿入している。最初はシフトで先頭のトークン NUM を読んでいる。すぐつぎのトークン+を見て，つぎに行うべき操作を決定する。ここでは，適用可能な還元 1 を実行

し，NUM を expr に置換する。つづいてシフトし，適用可能な還元 1 を実行する。すると，expr[1]+expr[2] が得られる。ここで，還元 2 が適用可能であるが，つぎのトークンが * であり，これを用いる還元 4 の優先順位のほうが高い。よって，還元 2 を実行せず，シフトする。そして還元 1 を適用した結果，expr[1]+expr[2]*expr[3] が得られる。ここでは，還元 4 が適用可能である。さらに，つぎのトークンが - であり，これを用いる還元 3 のほうが優先順位が低い。よって，還元 4 を実行し，expr[2]*expr[3] が expr[6] に置換される。いま，入力が expr[1]+expr[6] なので，還元 2 が適用可能である。つぎのトークンが - であり，これを用いる還元 3 と同じ優先順位である。よって，左側にある演算 + を優先し，還元 2 を適用する。その結果，expr[7] に置換される。つづいて，シフトと還元 1 により，expr[7]-expr[4] となる。すべてのトークン列を読み終わっているので，還元 3 を適用し，expr[3] が得られる。この意味値 3 が計算結果となる。

リスト **7.3** は，以上を踏まえて作成した Bison 構文解析記述である。2 行目

リスト **7.3**　中置記法の式計算を行う Bison 構文解析記述 infix.y

```
1   %{
2   #include <stdio.h>
3   extern int yylex();
4   int yyerror(const char *);
5   %}
6   %token NUM
7   %left '+' '-'
8   %left '*'
9   %%
10  input:
11  | input expr '\n' {printf("result=%d\n",$2);}
12  ;
13  expr: NUM {$$=$1;}
14  | expr '+' expr {$$=$1+$3;}
15  | expr '-' expr {$$=$1-$3;}
16  | expr '*' expr {$$=$1*$3;}
17  ;
18  %%
19  int yyerror(const char *s){printf("%s\n",s);}
20  int main(){return(yyparse());}
```

から 4 行目は，生成される構文解析 C 言語プログラムの宣言部に追加される記述である。printf による標準出力を用いるので，そのためのヘッダファイル stdio.h をインクルードしている。3 行目の yylex() は Flex が生成する字句解析 C 言語プログラムで宣言されるトークン（正確にはトークンに割り当てられた整数値）を読み出す関数のプロトタイプ宣言である。つまり，この関数 yylex() が Bison 構文解析 C 言語プログラムが字句解析 C 言語プログラムを呼び出すときのインタフェースである。4 行目の yyerror(char *) は，トークン列の構文解析時にエラーが起きたときに呼ばれる関数である。そのためのプロトタイプ宣言であり，この関数本体の定義は後で記述される。

　6 行目から 8 行目は Bison の宣言部である。6 行目は，トークン NUM を用いることを宣言している。7 行目と 8 行目で二項演算子 +，-，* の結合規則と優先順位を決めている。%left で定義しているので左結合である。また，後に書くほど優先順位が高い。よって，* が，+ と - より優先順位が高く，+ と - は同じ優先順位である。

　10 行目から 17 行目は Bison の文法規則である。13 行目から 17 行目は，左辺が非終端記号 expr である四つの文法規則を記述している。expr: は expr が文法規則の左辺であることを意味している。四つの文法規則の右辺が「|」で分けて記述されていて，最後が「;」で終わっている。すべての改行と空白を削除するとつぎの構造になっている。

expr:還元 1 の右側|還元 2 の右側|還元 3 の右側|還元 4 の右側;

ここで，還元 1 の右側とは，その右辺と動作を意味する。13 行目から 17 行目は，各還元の右側が行末に配置されて識別しやすいように改行されているが，勘違いしやすいので注意する。各還元の右側は

パターン {動作記述}

の形式であり，パターン（トークンと非終端記号の列）が入力と一致したときに動作記述に書かれた C 言語プログラムの文が実行される。そして，パターンが非終端記号 expr に置換される。

10 行目から 12 行目は，複数行を扱うためのつぎの二つの文法規則である。

> 還元 A　input ← 空
>
> 還元 B　input ← input expr \n　　{計算結果 $2 を出力}

還元 A は，空を非終端記号 input に置換する，つまり，なにもないところから
非終端記号 input を生成する。10 行目は input: だけ書かれており，11 行目
の先頭が | になっているが，この input: と | の間が空なので，還元 A の文法規
則となっている。還元 B は，input expr \n のパターンを input に置換し，
2 番目の要素の非終端記号 expr の意味値を計算結果として出力する。ここで，
\n は改行を表している。

　Bison の構文解析の目標は，入力のトークン列にシフトと還元を繰り返して，
すべての入力を読み終わったときに，最初の非終端記号 input が一つだけに置
換されているようにすることである。還元 A，還元 B，およびシフトにより，
各行に書かれた式の計算を，行ごとに行うことができる。そのことを，つぎの
ように 1 行に式が一つずつ記述されている 2 行の入力に対して確認する。

式 \n 式 \n

　表 7.2 がその構文解析過程である。操作の「式をシフト還元」は，式であるトー
クン列に対してシフトと先の還元 1 から還元 4 を繰り返して一つの非終端記号
expr に置換する操作を意味する。最初に入力を読まずに還元 A を行い先頭に非
終端記号 input を生成する。そして，式をシフト還元すると input expr \n

表 **7.2**　2 行の式の構文解析過程

操　　作	トークンと非終端記号の列	計　　算
入　　力	↓式 \n 式 \n	
還元 A	input↓式 \n 式 \n	
式をシフト還元	input expr↓\n 式 \n	
シフト	input expr \n↓式 \n	
還元 B	input↓式 \n	expr の意味値を出力
式をシフト還元	input expr↓\n	
シフト	input expr \n↓	
還元 B	input↓	expr の意味値を出力

となるので，これを還元 B により input に置換する。先頭が input になるの
で，つぎの行に同じ処理を繰り返すことができ，最後に一つの非終端記号 input
となる。以上により，複数行の処理が可能となる。還元 A は，空から input を
生成するので**空規則**と呼ぶ。還元 B の右辺のパターンの左端は左辺と同じ非終
端記号 input なので，**左再帰規則**と呼ばれる。これら二つの生成規則を用いる
ことにより，「式 \n」を任意回繰り返すトークン列を一つの非終端記号 input
に置換することができる。

　19 行目と 20 行目は追加の C 言語プログラムである。19 行目は，構文解析中
にエラーが発生したときに呼び出される関数 yyerror の動作を定義している。
エラーメッセージが引数 s に渡されるので，それを printf で表示している。
20 行目は，構文解析を行う関数 yyparse() を main 関数がただちに実行し，そ
の返り値をそのまま返している。

　Bison の構文解析記述はつぎの形式であり，四つの部分から構成される。

```
%{
C 言語の宣言部
%}
Bison の宣言部
%%
Bison の文法規則部
%%
追加の C 言語プログラム
```

リスト 7.3 では，2 行目から 4 行目が C 言語の宣言部，6 行目から 8 行目が Bison
の宣言部，10 行目から 17 行目が Bison の文法規則部，19 行目と 20 行目が追
加の C 言語プログラムである。

7.3.3　中置記法の式計算プログラムの生成と実行

　Flex による字句解析記述（リスト 7.2）と Bison による構文解析記述（リス

ト 7.3）から生成される C 言語プログラムを gcc でコンパイルすると，中置記法の式計算プログラムが得られる。具体的な手順はつぎのとおりである。

```
$ flex infix.l
$ bison -y -d infix.y
$ gcc -o infix lex.yy.c y.tab.c -lfl
```

最初に flex により，字句解析プログラム lex.yy.c が生成される。つぎに bison により，構文解析プログラム y.tab.c とそのヘッダファイル y.tab.h が生成される。ここで，オプション -y により，構文解析プログラム y.tab.c が生成される。また，オプション -d により，ヘッダファイル y.tab.h が生成される。最後に gcc を用いて，lex.yy.c と y.tab.c をコンパイルすると，中置記法の式計算プログラム infix が得られる。

infix を実行し，中置記法の式を入力するとつぎのように計算結果が得られる。

```
$ ./infix
1+2*3-4
result=3
```

つづけて別の式を入力することもできる。Ctrl+d を入力すると，それまでの入力全体が一つの非終端記号 input に置換されることになり，終了する。

7.4 代入文専用のコンパイラ

　代入文だけが並んだ TinyC のプログラムを TinyASM プログラムに変換する代入文専用のコンパイラを設計する。代入文はつぎの形式であり，5.2.1 項で説明した方法で TinyASM プログラムに変換する。

変数=中置記法の式；

複数の代入文も書くことができるものとする。

7.4.1 Flex による字句解析

リスト **7.4** は，代入文のコンパイラの字句解析記述である。2 行目で，ヘッダファイル string.h をインクルードしているのは，C 言語のライブラリ関数 strdup を用いるためである。

リスト **7.4**　代入文のコンパイラの Flex 字句解析記述 assgin.l

```
1   %{
2   #include <string.h>
3   #include "y.tab.h"
4   %}
5   %%
6   [ \t\r\n]
7   &&     {return(AND);}
8   \|\|   {return(OR);}
9   ==     {return(EQ);}
10  !=     {return(NE);}
11  \>=    {return(GE);}
12  \<=    {return(LE);}
13  \<\<   {return(SHL);}
14  \>\>   {return(SHR);}
15  [0-9]+ {yylval.n=atoi(yytext);return(NUM);}
16  [a-zA-Z][a-zA-Z0-9]* {yylval.s=strdup(yytext);return(NAME);}
17  .      {return(yytext[0]);}
18  %%
```

6 行目はスペース，タブ，改行にマッチする。動作の記述がないので，これらの入力はトークンに変換されず削除される。

7 行目から 14 行目は 2 文字で表される演算子をトークンに変換している。例えば，7 行目では論理積 && がトークン AND に置換される。

15 行目は，数字列にマッチし，トークン NUM に置換される。その意味値は数字列を整数値に変換した atoi(yytext) である。

16 行目は，英字で始まり英数字が 0 文字以上つづく文字列をトークン NAME に置換している。strdup(yytext) は，yytext が格納する文字列をコピーするためのメモリ上の領域を malloc を呼び出して確保し，その領域に yytext の文字列をコピーする。返り値は，その領域へのポインタであり，それが NAME の意味値となる。これは，つづけて行われるパターンマッチで yytext が格納

する文字列が上書きされてしまうためである。strdup を用いず，yytext をそのまま意味値とすると，正しく動作しない。

　意味値を yylval に代入するのに，15 行目は yylval.n，16 行目は yylval.s となっている。ここで yylval は整数ではなく，C 言語の**共用体**であり，後で説明する Bison の構文解析記述において union {int n; char *s;}と宣言する。したがって，yylval.n と書いた場合は整数であり，yylval.s と書くと文字列へのポインタである。意味値に複数の異なる型を使いたい場合は，共用体を用いる。このような宣言が省略された場合，意味値は整数である。

　17 行目は任意の 1 文字にマッチし，その文字自体をトークンとみなす。例えば，1 文字の演算子+は，トークン+である。マッチした文字列は yytext に代入されているので，その先頭文字 yytext[0] をトークンとしている。

7.4.2　Bison による構文解析

リスト **7.5** は，代入文のための構文解析記述の前半である。6 行目で，意味

リスト **7.5**　代入文のための Bison 構文解析記述 assgin.y（その 1）

```
1  %{
2  #include <stdio.h>
3  extern int yylex();
4  int yyerror(const char *s);
5  %}
6  %union {int n; char *s;}
7  %token <n> NUM
8  %token <s> NAME
9  %left OR
10 %left AND
11 %left '|'
12 %left '^'
13 %left '&'
14 %left EQ NE
15 %left GE LE '<' '>'
16 %left SHL SHR
17 %left '+' '-'
18 %left '*'
19 %right '!' '~' NEG
20 %%
```

値を代入する yylval のデータ型となる共用体を宣言している。7 行目で, NUM は構造体のメンバー n を用い, 8 行目で, NAME はメンバー s を用いることを宣言している。n は整数であり, s は文字列へのポインタである。

9 行目から 19 行目は, 演算子の結合と優先順位を定義している。%left は左結合, %right は右結合である。下に記述されるほど優先順位は高くなる。同じ行に記述されている複数の演算子の優先順位は同じである。19 行目は単項演算子であり, NEG は符号反転のマイナスを意味する。17 行目の二項演算子の減算 - と区別を付けるため, 19 行目では - を使わず, NEG としている。

リスト **7.6** は代入文のための構文解析記述の後半である。式が非終端記号 expr に置換され, 代入文が assign に置換され, 代入文の任意回の繰り返しが stmts に置換されるように定義されている。入力のトークン列全体が一つの非終端記号 stmts に置換されたとき, 構文解析の終了である。

21 行目の非終端記号 stmts は, 複数の代入文を記述するための文法規則である。これらの文法規則は, 空規則と左再帰規則なので, 代入文の任意回の繰り返しが stmts に置換される。

24 行目の非終端記号 assign の定義では, 一つの代入文, つまり,「変数名 = 式;」が assign に置換される。この文法規則による還元が行われるときは, アセンブリコード「POP 変数名」が出力される。また, NAME の意味値である文字列（つまり変数名）は, これ以降使われることがないので, ライブラリ関数 free を呼び出して, 字句解析 C 言語プログラムで strdup を用いて確保した変数名を記憶するためのメモリ上の領域を開放している。

26 行目に始まる非終端記号 expr の定義では, 中置記法の式が expr に置換される。最初の 26 行目と 27 行目は変数名と数値の文法規則である。これらの還元が行われるとき, アセンブリコード「PUSH 変数名」と「PUSHI 数値」がそれぞれ出力される。26 行目の NAME の意味値である文字列（つまり変数名）は, これ以降使われることがないので, 24 行目と同様に, free を呼び出して, strdup が確保したメモリ上の領域を開放している。

28 行目から 30 行目は単項演算子のための文法規則である。還元が行われる

リスト **7.6** 代入文のための Bison 構文解析記述 assgin.y（その 2）

```
20  %%
21  stmts:
22  |stmts assign
23  ;
24  assign: NAME '=' expr ';' {printf("\tPOP %s\n",$1);free($1);}
25  ;
26  expr: NAME {printf("\tPUSH %s\n",$1);free($1);}
27  | NUM {printf("\tPUSHI %d\n",$1);}
28  | '!' expr {printf("\tNOT\n");}
29  | '~' expr {printf("\tBNOT\n");}
30  | '-' expr %prec NEG {printf("\tNEG\n");}
31  | expr '+' expr {printf("\tADD\n");}
32  | expr '-' expr {printf("\tSUB\n");}
33  | expr '*' expr {printf("\tMUL\n");}
34  | expr AND expr {printf("\tAND\n");}
35  | expr OR expr {printf("\tOR\n");}
36  | expr '&' expr {printf("\tBAND\n");}
37  | expr '|' expr {printf("\tBOR\n");}
38  | expr '^' expr {printf("\tBXOR\n");}
39  | expr SHL expr {printf("\tSHL\n");}
40  | expr SHR expr {printf("\tSHR\n");}
41  | expr EQ expr {printf("\tEQ\n");}
42  | expr NE expr {printf("\tNE\n");}
43  | expr GE expr {printf("\tGE\n");}
44  | expr LE expr {printf("\tLE\n");}
45  | expr '>' expr {printf("\tGT\n");}
46  | expr '<' expr {printf("\tLT\n");}
47  | '(' expr ')'
48  ;
49  %%
50  int yyerror(const char *s){printf("%s\n",s);}
51  int main(){return(yyparse());}
```

ときに，単項演算子に対応するニーモニックが出力される。30 行目は，符号反転のための規則であるが，%prec NEG と記述し，優先順位を 19 行目で宣言した NEG としている。

31 行目から 46 行目は二項演算のための文法規則である。還元が行われるときに，二項演算子に対応するニーモニックが出力される。

47 行目は式で用いられる丸かっこ () に対応するための規則である。式が丸

かっこで囲まれているときに，還元が行われる。

つぎの代入文を具体例に，構文解析がどのように行われるかを追っていく。

a=-b*(c+1);

これは字句解析プログラムによりつぎのトークン列に変換される。

NAME[a]=-NAME[b]*(NAME[c]+NUM[1]);

表 7.3 は，このトークン列に構文解析を行い，非終端記号 stmts に置換される
過程を表している。

表 **7.3** 代入文の構文解析過程

操　作	トークンと非終端記号の列	出　力
入　力	↓NAME[a]=-NAME[b]*(NAME[c]+NUM[1]);	
還元 21	↓stmts NAME[a]=-NAME[b]*(NAME[c]+NUM[1]);	
シフト	stmts NAME[a]=-NAME[b]↓*(NAME[c]+NUM[1]);	
還元 26	stmts NAME[a]=-expr↓*(NAME[c]+NUM[1]);	PUSH b
還元 30	stmts NAME[a]=expr↓*(NAME[c]+NUM[1]);	NEG
シフト	stmts NAME[a]=expr*(NAME[c]↓+NUM[1]);	
還元 26	stmts NAME[a]=expr*(expr↓+NUM[1]);	PUSH c
シフト	stmts NAME[a]=expr*(expr+NUM[1]↓);	
還元 27	stmts NAME[a]=expr*(expr+expr↓);	PUSHI 1
還元 31	stmts NAME[a]=expr*(expr↓);	ADD
シフト	stmts NAME[a]=expr*(expr)↓;	
還元 47	stmts NAME[a]=expr*expr↓;	
還元 33	stmts NAME[a]=expr↓;	MUL
シフト	stmts NAME[a]=expr;↓	
還元 24	stmts assign↓	POP a
還元 22	stmts ↓	

　還元の番号はリスト 7.6 に記述されている文法規則の行番号である。例えば還
元 26 は，26 行目の文法規則 expr←NAME による置換が行われる。また，還元が
行われたときに実行される printf 文による出力も書かれている。出力を順に並
べると，代入文の正しい TinyASM プログラムとなっている。実際に assign.y
と assign.l をもとに，代入文専用コンパイラ assign を作成し実行する。キー
ボードから代入文を入力すると，つぎの出力が得られ，正しい結果であること
が確認できる。

```
$ ./assign
a=-b*(c+1);
        PUSH b
        NEG
        PUSH c
        PUSHI 1
        ADD
        MUL
        POP a
```

リスト 7.6 の 21 行目の非終端記号 stmts の定義より，別の代入文をつづけて入力することができ，Ctrl+d を入力すると終了する。

7.5　TinyC コンパイラ

　TinyC プログラムを TinyASM に変換する TinyC コンパイラを作成する。そのため，TinyC コンパイラ用の Flex の字句解析記述 tiny.l と Bison の構文解析記述 tinyc.y を設計する。

7.5.1　Flex による字句解析記述

　リスト **7.7** は TinyC コンパイラの字句解析記述 tinyc.l である。4 行目では，0 で初期化される整数変数 n を宣言している。この変数は Flex の文法規則部の 16 行目から 18 行目で用いられる。

　8 行目から 15 行目は assign.l と同じく，2 文字の演算子をトークンに変換している

　16 行目から 22 行目は，制御文などに用いる予約語をトークンに変換している。予約語は英小文字であり，それを大文字にしたものがトークンである。例えば，if はトークン IF に変換される。制御文に用いられるトークン if, while, do

リスト **7.7** TinyC コンパイラの Flex 字句解析記述 `tinyc.l`

```
1   %{
2   #include <string.h>
3   #include "y.tab.h"
4   int n=0;
5   %}
6   %%
7   [ \t\n\r]
8   &&    {return(AND);}
9   \|\|  {return(OR);}
10  ==    {return(EQ);}
11  !=    {return(NE);}
12  \>=   {return(GE);}
13  \<=   {return(LE);}
14  \<\<  {return(SHL);}
15  \>\>  {return(SHR);}
16  if    {yylval.n=++n;return(IF);}
17  while {yylval.n=++n;return(WHILE);}
18  do    {yylval.n=++n;return(DO);}
19  int   {return(INT);}
20  else  {return(ELSE);}
21  halt  {return(HALT);}
22  out   {return(OUT);}
23  [0-9]+ {yylval.n=atoi(yytext);return(NUM);}
24  [a-zA-Z][a-zA-Z0-9]* {yylval.s=strdup(yytext);return(NAME);}
25  .     {return(yytext[0]);}
26  %%
```

は整数の意味値をとる。`assign.y` と同じく，Bison の構文解析記述 `tinyc.y`
において，意味値は共用体 union {int n; char *s;} として宣言する。これ
らの制御文の意味値となる整数は，出現する順に割り当てられる 1 から始まる
通し番号である。この通し番号のために 4 行目で宣言した整数変数 n を用いて
いる。`yylval.n=++n;` となっているので，n に 1 を加算し，加算後の値が意味
値になるよう `yylval.n` に代入している。この制御文に割り当てられる通し番
号は，TinyASM プログラムにおいて，分岐先を指定するラベルに用いる。例え
ば，意味値が 1 の場合，分岐先のラベルとして **L1T** と **L1F** が用いられる。よっ
て，番号が重複しないように，意味値をこの変数 n を用いて通し番号となるよ
うにしている。

23 行目から 25 行目は，`assign.l` と同じで，NUM, NAME, および 1 文字の演算子をトークンとして返している。

7.5.2　Bison による構文解析記述

リスト **7.8** は TinyC コンパイラの構文解析記述の前半である。

6 行目は意味値のための変数 `yylval` の型を，`assign.y` と同じく共用体として宣言している。

7 行目から 9 行目はトークンの宣言である。トークン NAME は共用体のメンバー s を指定しているので，文字列を意味値としてとる。トークン NUM, IF, WHILE, DO は共用体のメンバー n を指定しているので，意味値は整数である。INT, ELSE, HALT, OUT は意味値をとらないトークンである。10 行目では，非終端記号 if が整数を意味値としてとることを宣言している。ここで，IF はトークンであり，if は非終端記号であることに注意する。

23 行目の非終端記号 stmts の文法規則が空規則と左再帰規則であることにより，非終端記号 stmt の任意回の繰り返しが一つの非終端記号 stmts に置換される。

25 行目の非終端記号 stmt は，七つの非終端記号から置換される。非終端記号 intdef は整数変数の定義，ifelse は，if 文または if–else 文から置換される。非終端記号 while と do は，それぞれ while 文と do 文から置換される。非終端記号 halt は halt 文，out は out 文から置換される。非終端記号 assign は，代入文から置換される。

27 行目以降，後半のリスト **7.9** の 73 行目まで，各非終端記号に対する文法規則が定義されている。これらの文法規則については，つぎの節以降で詳しく説明する。

図 7.1 に示したとおり，コンパイラを作成するには，コマンドラインからつぎを順に実行すればよい。

```
$ bison -y -d tinyc.y
```

リスト **7.8** TinyC コンパイラの Bison 構文解析記述 tinyc.y (その1)

```
 1  %{
 2  #include <stdio.h>
 3  extern int yylex();
 4  int yyerror(const char *s);
 5  %}
 6  %union {int n; char *s;}
 7  %token <s> NAME
 8  %token <n> NUM IF WHILE DO
 9  %token INT ELSE HALT OUT
10  %type <n> if
11  %left OR
12  %left AND
13  %left '|'
14  %left '^'
15  %left '&'
16  %left EQ NE
17  %left GE LE '<' '>'
18  %left SHL SHR
19  %left '+' '-'
20  %left '*'
21  %right '!' '~' NEG
22  %%
23  stmts:|stmts stmt
24  ;
25  stmt: intdef|ifelse|while|do|halt|out|assign
26  ;
27  intdef: INT intlist ';'
28  ;
29  intlist: integer
30  | intlist ',' integer
31  ;
32  integer: NAME {printf("%s:\t0\n",$1);free($1);}
33  | NAME '=' NUM {printf("%s:\t%d\n",$1,$3);free($1);}
34  | NAME '=' '-' NUM {printf("%s:\t%d\n",$1,-$4);free($1);}
35  ;
36  ifelse: if {printf("L%dF:\n",$1);}
37  | if {printf("\tJMP L%dT\nL%dF:\n",$1,$1);} ELSE '{' stmts '}'
        {printf("L%dT:\n",$1);}
38  ;
39  if: IF '(' expr ')' {printf("\tJZ L%dF\n",$1);} '{' stmts '}' {$$=$1;}
40  ;
```

リスト **7.9**　TinyC コンパイラの Bison 構文解析記述 `tinyc.y`（その 2）

```
41  while: WHILE {printf("L%dT:\n",$1);} '(' expr ')' {printf("\tJZ L%dF\n",
        $1);} '{' stmts '}' {printf("\tJMP L%dT\nL%dF:\n",$1,$1);}
42  ;
43  do: DO {printf("L%dT:\n",$1);} '{' stmts '}' WHILE '(' expr ')' ';'
        {printf("\tJNZ L%dT\n",$1);}
44  ;
45  halt: HALT ';' {printf("\tHALT\n");}
46  ;
47  out: OUT '(' expr ')' ';' {printf("\tOUT\n");}
48  ;
49  assign: NAME '=' expr ';' {printf("\tPOP %s\n",$1);free($1);}
50  ;
51  expr: NAME {printf("\tPUSH %s\n",$1);free($1);}
52  | NUM {printf("\tPUSHI %d\n",$1);}
53  | '!' expr {printf("\tNOT\n");}
54  | '~' expr {printf("\tBNOT\n");}
55  | '-' expr %prec NEG {printf("\tNEG\n");}
56  | expr '+' expr {printf("\tADD\n");}
57  | expr '-' expr {printf("\tSUB\n");}
58  | expr '*' expr {printf("\tMUL\n");}
59  | expr AND expr {printf("\tAND\n");}
60  | expr OR expr {printf("\tOR\n");}
61  | expr '&' expr {printf("\tBAND\n");}
62  | expr '|' expr {printf("\tBOR\n");}
63  | expr '^' expr {printf("\tBXOR\n");}
64  | expr SHL expr {printf("\tSHL\n");}
65  | expr SHR expr {printf("\tSHR\n");}
66  | expr EQ expr {printf("\tEQ\n");}
67  | expr NE expr {printf("\tNE\n");}
68  | expr GE expr {printf("\tGE\n");}
69  | expr LE expr {printf("\tLE\n");}
70  | expr '>' expr {printf("\tGT\n");}
71  | expr '<' expr {printf("\tLT\n");}
72  | '(' expr ')'
73  ;
74  %%
75  int yyerror(const char *s){printf("%s\n",s);}
76  int main(){yyparse();}
```

```
$ flex tinyc.l
$ gcc -o tinyc lex.yy.c y.tab.c -lfl
```

これにより，tinyc の標準入力に TinyC プログラムを与えると，コンパイルが行われ，標準出力から TinyASM プログラムが得られる。

7.5.3　変数の宣言のための文法規則

TinyC の**変数宣言**は，C 言語の int 型の変数宣言と同様に記述される。例えば，つぎの変数宣言は，変数 a と b を宣言し，a は −3 で初期化される。TinyC では，初期値の定義がない変数 b は，0 を初期値とする。

```
int a=-3,b;
```

これを TinyASM プログラムに変換するとつぎのようになる。

```
a: -3
b: 0
```

リスト 7.8 の 27 行目から 35 行目で変数宣言を TinyASM プログラムに変換する文法規則を定義している。この変換のために，三つの非終端記号 intdef，intlist，integer を用いている。一つの変数のための変数宣言，例えば a=-3（トークン列では NAME=-NUM）は，非終端記号 integer に置換される。一つの integer，もしくは複数の integer をコンマ（,）で区切った列は，非終端記号 intlist に置換される。そして，INT で始まり intlist がつづき，セミコロン（;）で終わる変数宣言全体が intdef に置換される。

実際に先の変数宣言の具体例が，非終端記号 intdef に置換され，シフト還元の過程で TinyASM プログラムが正しく出力されることを確認する。この変数宣言は，字句解析によりつぎのトークン列に変換される。

```
INT NAME[a]=-NUM[3],NAME[b];
```

表 7.4 は，このトークン列に対する構文解析過程を示している。この表を含め，以下では，還元の後の数字は，リスト 7.8 またはリスト 7.9 の行番号であり，その行に定義されている文法規則により還元することを意味する。この表より，

表 **7.4**　変数宣言の構文解析過程

操　作	ト　ー　ク　ン　列	出　力
入　力	↓INT NAME[a]=-NUM[3],NAME[b];	
シフト	INT NAME[a]=-NUM[3]↓,NAME[b];	
還元 34	INT integer↓,NAME[b];	a:　-3
還元 29	INT intlist↓,NAME[b];	
シフト	INT intlist,NAME[b]↓;	
還元 32	INT intlist,integer↓;	b:　0
還元 30	INT intlist↓;	
シフト	INT intlist;↓	
還元 27	intdef↓	

変数宣言の構文解析により，TinyASM の変数宣言が正しく出力されていることが確認できる。

7.5.4　if 文のための文法規則

TinyC の if 文と if–else 文を TinyASM プログラムに変換するための文法規則は，リスト 7.8 の 36 行目から 40 行目で定義されている。39 行目の非終端記号 if は，if 文が変換される。36 行目の非終端記号 ifelse は，if 文または if–else 文が変換される。つまり，36 行目の文法規則が if 文を処理するための文法規則であり，37 行目は if 文の後に else がつづく if–else 文に対応するための文法規則である。

39 行目の非終端記号 if を左辺とする文法規則の右辺は，つぎのように二つの動作記述をもっている。

IF '(' expr ')' 動作記述 1 '{' stmts '}' 動作記述 2

途中の動作記述 1 は，シフトによりその位置までトークンが読まれたときに実行される。最後の動作記述 2 は，この文法規則による還元が行われたときに実行される。動作記述 1 は printf 文の実行である。その引数の $1 はトークン IF の意味値である。これは制御文に割り当てられた通し番号とみなし，ラベルを生成するのに用いる。いま IF の意味値が 1 であるとすると，動作記述 1 により，JZ L1F が出力される。動作記述 1 が実行されるのはシフトにより動作記

述 1 の位置までトークンが読まれたときである。このとき，すでに非終端記号
expr への置換が行われており，JZ L1F が出力されるときには，if 文の丸かっ
こ内の式の計算のための TinyASM プログラムがすでに出力されている。動作
記述 1 の実行の後は，後ろの中かっこ内の非終端記号 stmts への置換が行われ，
これに対応する TinyASM プログラムが出力される。そして，すべてのトーク
ンが読まれたた後，この文法規則による還元が行われ，動作記述 2 が実行され，
非終端記号 if の意味値にトークン IF の意味値が代入される。つづいて 36 行
目の文法規則により，非終端記号 if が非終端記号 ifelse に置換され，L1F:
が printf 文により出力される。

　以上より，if(式){文;...}の形式の if 文に対して，つぎのように TinyASM
プログラムが出力される。

　　　式の計算
　　　JZ L1F
　　　中かっこ内の文の実行
L1F:

式の計算結果が偽 (0) のときは，中かっこ内の文を実行せず，ラベル L1F に分
岐し，真 (0 でない) のときは実行するので，TinyASM プログラムに正しく変
換できる。

　つぎの if 文を具体例に，TinyASM プログラムが正しく出力されることを示す。

　if(a<0){a=0;}

この if 文は，字句解析によりつぎのトークン列に変換される。

　IF[1](NAME[a]<NUM[0]){NAME[a]=NUM[0];}

表 7.5 は，このトークン列の構文解析過程である。非終端記号 ifelse に置換
され，TinyASM プログラムが正しく出力されていることが確認できる。

表 **7.5** if 文の構文解析過程

操　作	ト　ー　ク　ン　列	出　力
入　力	↓IF[1](NAME[a]<NUM[0]){NAME[a]=NUM[0];}	
シフト	IF[1](NAME[a]↓<NUM[0]){NAME[a]=NUM[0];}	
還元 51	IF[1](expr↓<NUM[0]){NAME[a]=NUM[0];}	PUSH a
シフト	IF[1](expr<NUM[0]↓){NAME[a]=NUM[0];}	
還元 52	IF[1](expr<expr↓){NAME[a]=NUM[0];}	PUSHI 0
還元 71	IF[1](expr↓){NAME[a]=NUM[0];}	LT
シフト	IF[1](expr){↓NAME[a]=NUM[0];}	JZ L1F
還元 23	IF[1](expr){stmts↓NAME[a]=NUM[0];}	
シフト	IF[1](expr){stmts NAME[a]=NUM[0]↓;}	
還元 52	IF[1](expr){stmts NAME[a]=expr↓;}	PUSHI 0
シフト	IF[1](expr){stmts NAME[a]=expr;↓}	
還元 49	IF[1](expr){stmts assign↓}	POP a
還元 25	IF[1](expr){stmts stmt↓}	
還元 23	IF[1](expr){stmts↓}	
シフト	IF[1](expr){stmts}↓	
還元 39	if[1]↓	
還元 36	ifelse↓	L1F:

7.5.5　if–else 文のための文法規則

つぎに else がある場合について説明する。else があると 36 行目でなく，
37 行目の文法規則が適用される。よって，JMP L1T と L1F: が順に出力される。
そして，else の後の中かっこ内の文を実行するための TinyASM プログラムが
出力される，37 行目の文法規則で還元されるときに，L1T: が出力される。し
たがって，if(式){文;...}else{文;...}の形式の if–else 文はつぎのように
TinyASM プログラムが出力される。

```
        式の計算
        JZ L1F
        前の中かっこ内の文の実行
        JMP L1T
L1F:
        後の中かっこ内の文の実行
L1T:
```

式の計算結果が真（0 以外）のときは前の中かっこ内の文を実行し，偽（0）の
ときは後の中かっこ内の文を実行するので，if–else 文が正しく TinyASM プロ
グラムに変換できる。

　つぎの if–else 文を用いた文に構文解析を行い，TinyASM プログラムが正し
く出力されることを確認する。

```
if(a<0){a=0;}else{a=1;}
```

この if 文は，字句解析により，つぎのトークン列に変換される。

```
IF[1](NAME[a]<NUM[0]){NAME[a]=NUM[0];}ELSE{NAME[a]=NUM[1];}
```

表 7.6 はこのトークン列の構文解析過程である。表 7.5 の最後のシフトまでは
操作が同じなので，そのつづきを示している。非終端記号 ifelse に置換され，
TinyASM プログラムが正しく出力されているのが確認できる。

　以上より，if–else 文の TinyASM プログラムが正しく出力されていることが
確認できる。

表 7.6　if–else 文の構文解析過程

操　作	ト　ー　ク　ン　列	出　力
入　力	↓IF[1](NAME[a]<NUM[0]){NAME[a]=NUM[0];}ELSE···	
⋮	⋮	⋮
シフト	IF[1](expr){stmts}↓ ELSE{NAME[a]=NUM[1];}	
還元 39	if[1]↓ ELSE{NAME[a]=NUM[1];}	
シフト	if[1]ELSE{↓NAME[a]=NUM[1];}	JMP L1T
		L1F:
還元 23	if[1]ELSE{stmts↓NAME[a]=NUM[1];}	
シフト	if[1]ELSE{stmts NAME[a]=NUM[1]↓;}	
還元 52	if[1]ELSE{stmts NAME[a]=expr↓;}	PUSHI 1
シフト	if[1]ELSE{stmts NAME[a]=expr;↓}	
還元 49	if[1]ELSE{stmts assign↓}	POP a
還元 25	if[1]ELSE{stmts stmt↓}	
還元 23	if[1]ELSE{stmts↓}	
シフト	if[1]ELSE{stmts}↓	
還元 37	ifelse↓	L1T:

7.5.6 while 文のための文法規則

リスト 7.9 の 41 行目は while 文のための文法規則である。非終端記号 while に置換される文法規則であり，右辺はつぎの形になっている。

WHILE 動作記述 1 '(' expr ')' 動作記述 2 '{' stmts '}' 動作記述 3

トークン WHILE の意味値を 1 とすると，WHILE を読んだ後，動作記述 1 が行われ，L1T: が出力される。そして，'(' expr ')' がつづくので，丸かっこ内の式を計算する TinyASM プログラムが出力される。その後，動作記述 2 が行われ，JZ L1F が出力される。つぎの '{' stmts '}' により，中かっこ内の文を実行する TinyASM プログラムが出力される。最後に，全体が非終端記号 while に置換されるときに，動作記述 3 により JMP L1T と L1F: が出力される。よって，while(式){文;...}の形式の while 文はつぎのように TinyASM プログラムに変換される。

```
L1T:
        式の計算
        JZ  L1F
        中かっこ内の文の実行
        JMP L1T
L1F:
```

この TinyASM プログラムにより，式の計算結果が真（0 でない）であるかぎり中かっこ内の文の実行が繰り返され，while 文の動作として正しい。

実際に，つぎの while 文が TinyASM プログラムに変換される過程を追ってみる。

```
while(n>0){n=n-1;}
```

この while 文は字句解析により，つぎのトークン列に変換される。

```
WHILE[1](NAME[n]>NUM[0]){NAME[n]=NAME[n]-NUM[1];}
```

ここで，非終端記号 while の意味値を 1 としている。**表 7.7** は，このトークン列の構文解析の過程を示している。

while 文に対する TinyASM プログラムが正しく出力されることが確認できる。

表 7.7　while 文の構文解析過程

操　作	ト　ー　ク　ン　列	出　力
入　力	↓WHILE[1](NAME[n]>NUM[0]){NAME[n]=NAME[n]-NUM[1];}	
シフト	WHILE[1](NAME[n]↓>NUM[0]){NAME[n]=NAME[n]-NUM[1];}	L1T:
還元 51	WHILE[1](expr↓>NUM[0]){NAME[n]=NAME[n]-NUM[1];}	PUSH n
シフト	WHILE[1](expr>NUM[0]↓){NAME[n]=NAME[n]-NUM[1];}	
還元 52	WHILE[1](expr>expr↓){NAME[n]=NAME[n]-NUM[1];}	PUSHI 0
還元 70	WHILE[1](expr↓){NAME[n]=NAME[n]-NUM[1];}	GT
シフト	WHILE[1](expr){↓NAME[n]=NAME[n]-NUM[1];}	JZ L1F
還元 23	WHILE[1](expr){stmts↓NAME[n]=NAME[n]-NUM[1];}	
シフト	WHILE[1](expr){stmts NAME[n]=NAME[n]↓-NUM[1];}	
還元 51	WHILE[1](expr){stmts NAME[n]=expr↓-NUM[1];}	PUSH n
シフト	WHILE[1](expr){stmts NAME[n]=expr-NUM[1]↓;}	
還元 52	WHILE[1](expr){stmts NAME[n]=expr-expr↓;}	PUSHI 1
還元 57	WHILE[1](expr){stmts NAME[n]=expr↓;}	SUB
シフト	WHILE[1](expr){stmts NAME[n]=expr;↓}	
還元 49	WHILE[1](expr){stmts assign↓}	POP n
還元 25	WHILE[1](expr){stmts stmt↓}	
還元 23	WHILE[1](expr){stmts↓}	
シフト	WHILE[1](expr){stmts}↓	
還元 41	while↓	JMP L1T
		L1F:

7.5.7　do 文のための文法規則

リスト 7.9 の 43 行目は do 文のための文法規則である。非終端記号 do に置換される文法規則であり，右辺はつぎの形になっている。

DO 動作記述 1 '{' stmts '}' WHILE '(' expr ')' ';' 動作記述 2

非終端記号 DO の意味値を 1 とすると，動作記述 1 は，L1T: を出力する。また，動作記述 2 は JNZ L1T を出力する。したがって，do{文;...}while(式) の形式の do 文は，つぎのように TinyASM プログラムに変換される。

L1T:

　　中かっこ内の文の実行

　　式の計算

　　JNZ L1T

よって，式の計算結果が真（0 でない）であるかぎり，L1T: に分岐し，中かっこ内の文の実行が繰り返され，do 文の動作として正しい。

　実際に，つぎの do 文が TinyASM プログラムに変換する過程を追ってみる。

do{n=n-1;}while(n>0);

この do 文は字句解析により，つぎのトークン列に変換される。

DO[1]{NAME[n]=NAME[n]-NUM[1];}WHILE(NAME[n]>NUM[0]);

ここで，DO の意味値を 1 としている。また，WHILE の意味値は用いないので省略している。**表 7.8** は，このトークン列の構文解析の過程である。

　do 文に対する TinyASM プログラムが正しく出力されることが確認できる。

表 7.8 do 文の構文解析過程

操　作	ト　ー　ク　ン　列	出　力
入　力	↓DO[1]{NAME[n]=NAME[n]-NUM[1];}WHILE…	
シフト	DO[1]{↓NAME[n]=NAME[n]-NUM[1];}WHILE…	L1T
還元 23	DO[1]{stmts↓NAME[n]=NAME[n]-NUM[1];}WHILE…	
シフト	DO[1]{stmts NAME[n]=NAME[n]↓-NUM[1];}WHILE…	
還元 51	DO[1]{stmts NAME[n]=expr↓-NUM[1];}WHILE…	PUSH n
シフト	DO[1]{stmts NAME[n]=expr-NUM[1]↓;}WHILE…	
還元 52	DO[1]{stmts NAME[n]=expr-expr↓;}WHILE…	PUSHI 1
還元 57	DO[1]{stmts NAME[n]=expr↓;}WHILE…	SUB
シフト	DO[1]{stmts NAME[n]=expr;↓}WHILE…	
還元 49	DO[1]{stmts assign↓}WHILE…	POP n
還元 25	DO[1]{stmts stmt↓}WHILE…	
還元 23	DO[1]{stmts↓}WHILE(NAME[n]>NUM[0]);	
シフト	DO[1]{stmts}WHILE(NAME[n]↓>NUM[0]);	
還元 51	DO[1]{stmts}WHILE(expr↓>NUM[0]);	PUSH n
シフト	DO[1]{stmts}WHILE(expr>NUM[0]↓);	
還元 52	DO[1]{stmts}WHILE(expr>expr↓);	PUSHI 0
還元 70	DO[1]{stmts}WHILE(expr↓);	GT
シフト	DO[1]{stmts}WHILE(expr);↓	
還元 43	do↓	JNZ L1T

7.5.8 halt 文と out 文のための文法規則

リスト 7.9 の 45 行目は halt 文のための文法規則である。トークン列 `HALT;` を非終端記号 `halt` に置換する還元が行われたときに，ニーモニック `HALT` が出力される。正しいのは明らかである。

リスト 7.9 の 47 行目は out 文のための文法規則であり，右辺はつぎの形になっている。

```
OUT  '(' expr ')' ';' 動作記述
```

よって，丸かっこ内の式の計算を行う TinyASM プログラムを出力した後，この文法規則による還元が行われるときに `OUT` が出力される。したがって，式の計算結果が出力バッファに書き込まれる。

実際に，つぎの out 文が TinyASM プログラムに変換する過程を追ってみる。

```
out(n*3+1);
```

この out 文は字句解析により，つぎのトークン列に変換される。

```
OUT(NAME[n]*NUM[3]+NUM[1]);
```

表 **7.9** は，このトークン列の構文解析の過程である。

out 文に対する TinyASM プログラムが正しく出力されることが確認できる。

表 **7.9** out 文の構文解析過程

操　作	ト　ー　ク　ン　列	出　力
入　力	↓OUT(NAME[n]*NUM[3]+NUM[1]);	
シフト	OUT(NAME[n]↓*NUM[3]+NUM[1]);	
還元 51	OUT(expr↓*NUM[3]+NUM[1]);	PUSH n
シフト	OUT(expr*NUM[3]↓+NUM[1]);	
還元 52	OUT(expr*expr↓+NUM[1]);	PUSHI 3
還元 58	OUT(expr↓+NUM[1]);	MUL
シフト	OUT(expr+NUM[1]↓);	
還元 52	OUT(expr+expr↓);	PUSHI 1
還元 56	OUT(expr↓);	ADD
シフト	OUT(expr);↓	
還元 47	out↓	OUT

7.5.9 TinyC プログラムのコンパイル例

5.3節では，コラッツの問題の計算を行う TinyC プログラムとユークリッドの互除法を行うプログラムのハンドコンパイルを行った。本章で作成した TinyC コンパイラが，どのようにこれらの TinyC プログラムを TinyASM プログラムに変換するか確認する。

つぎの TinyC プログラムはコラッツの問題の計算を行う。

```
while(n>1){
    out(n);
    if(n&1){n=n*3+1;}
    else {n=n>>1;}
}
out(n);
halt;
int n=11;
```

この TinyC プログラムをファイル collatz.c に保存し，つぎのコマンドを実行する。

```
$ ./tinyc < collatz.c > collatz.asm
```

すると，リスト **7.10** の TinyASM プログラムが出力され，ファイル collatz.asm に保存される。

この TinyASM プログラム collatz.asm を TinyASM でメモリ回路形式の機械語プログラムに変換するには，コマンドラインからつぎを実行する。

```
$ ./tinyasm.pl < collatz.asm
```

すると，リスト 5.1 と同じ機械語プログラムが得られる。コンパイルとアセンブルを一度に行うには，つぎのようにパイプを用いればよい。

```
$ ./tinyc < collatz.c | ./tinyasm.pl
```

リスト **7.10** TinyC コンパイラによる `collatz.c` のコンパイル結果

```
 1  L1T:
 2          PUSH n
 3          PUSHI 1
 4          GT
 5          JZ L1F
 6          PUSH n
 7          OUT
 8          PUSH n
 9          PUSHI 1
10          BAND
11          JZ L2F
12          PUSH n
13          PUSHI 3
14          MUL
15          PUSHI 1
16          ADD
17          POP n
18          JMP L2T
19  L2F:
20          PUSH n
21          PUSHI 1
22          SHR
23          POP n
24  L2T:
25          JMP L1T
26  L1F:
27          PUSH n
28          OUT
29          HALT
30  n:      11
```

　同様に，ユークリッドの互除法により最大公約数を求めるつぎの TinyC プログラム `euclid.c` をコンパイルする。

```
while(b){
    if(a<b){b=a^b; a=a^b; b=a^b;}
    out(a);
    a=a-b;
}
halt;
```

```
int a=30,b=21;
```

すると，リスト **7.11** の TinyASM プログラムが得られる。これを TinyASM
により機械語プログラムに変換すると，リスト 5.2 と同じものが得られる。

リスト **7.11**　TinyC コンパイラによる `euclid.c` のコンパイル結果

```
 1  L1T:
 2          PUSH b
 3          JZ L1F
 4          PUSH a
 5          PUSH b
 6          LT
 7          JZ L2F
 8          PUSH a
 9          PUSH b
10          BXOR
11          POP b
12          PUSH a
13          PUSH b
14          BXOR
15          POP a
16          PUSH a
17          PUSH b
18          BXOR
19          POP b
20  L2F:
21          PUSH a
22          OUT
23          PUSH a
24          PUSH b
25          SUB
26          POP a
27          JMP L1T
28  L1F:
29          HALT
30  a:      30
31  b:      21
```

演習問題

【7.1】 後置記法の式計算を行うプログラムを生成する Flex 字句解析記述リスト
7.1 を拡張し，表 1.4（算術論理演算回路（ALU）の仕様）に記載のすべて
の演算を使えるようにせよ。二項演算のマイナスと区別するため，単項演
算のマイナスは「-」の代わりに「@」を用いること。

【7.2】 中置記法の式計算を行うプログラムを生成する Flex 字句解析記述リスト
7.2 と Bison 構文解析記述リスト 7.3 を拡張し，表 1.4（算術論理演算回路
（ALU）の仕様）に記載のすべての演算と，丸かっこ () を使えるようにせよ。

【7.3】 つぎの代入文の構文解析過程を表 7.3 にならって示せ。

   (1)　a=b+c*3-d+5;

   (2)　x=(2<y)&&!(z>5);

【7.4】 つぎの if–else 文を用いた TinyC プログラムの構文解析過程を表 7.5 にな
らって示せ。

   if(x>y){if(x>z){t=x;}else{t=z;}}

【7.5】 つぎの while 文と if 文を用いた TinyC プログラムの構文解析過程を示せ。

   while(n>0){if(n&1){out(n);}n=n-1;}

【7.6】 C 言語のインクリメント演算子 ++ とデクリメント演算子 -- が使えるよう
に TinyC を拡張したい。これら二つの演算子が使えるように，TinyC の字
句解析記述リスト 7.7，および構文解析記述リスト 7.8 とリスト 7.9 を変更
せよ。

【7.7】 「式 1 && 式 2」の形の TinyC の式の計算を行うのに，式 1 が偽であれば式
2 を計算する必要はなく，結果は偽になる。式 1 が真であれば，式 2 の計算
結果を用いればよい。このことを利用し，演算子 && を含んだ式の計算を行
うのに，機械語命令 AND を用いないようにするにはどうすればよいか考え
よ。そして，そのような TinyASM プログラムを出力するように，TinyC
の字句解析記述と構文解析記述を変更せよ。

【7.8】 「式 1 || 式 2」の形の TinyC の式の計算を行うのに，式 1 が真であれば式
2 を計算する必要はなく，結果は真になる。式 1 が偽であれば，式 2 の計算
結果を用いればよい。このことを利用し，演算子 || を含んだ式の計算を行
うのに，機械語命令 OR を用いないようにするにはどうすればよいか考え
よ。そして，そのような TinyASM プログラムを出力するように，TinyC
の字句解析記述と構文解析記述を変更せよ。

【7.9】[*] C 言語の for 文が使えるように TinyC の字句解析記述と構文解析記述を変更せよ。

【7.10】[*] C 言語の条件演算子?:が使えるように TinyC の字句解析記述と構文解析記述を変更せよ。

【7.11】[*] 7.5 節で設計した TinyC コンパイラでは，式中の負の数値，例えば-1 は，二つのアセンブリコード PUSH 1 と NEG に変換してしまう。これを一つのアセンブリコード PUSH -1 を出力するように変更せよ。

引用・参考文献

1）　中野浩嗣, 伊藤靖朗：デジタル回路設計入門 —FPGA 時代の論理回路設計—, コロナ社 (2021)

2）　IEEE：IEEE Std. 1364–2005 —IEEE Standard for Verilog Hardware Description Language (2006)

3）　C. Donnelly and R.M. Stallman（石川直太 訳）：Flex 入門, アスキー出版局 (1999)

4）　G.T. Nicol（市川和久 訳）：Bison 入門, アスキー出版局 (1999)

索　　引

—— 著者略歴 ——

中野　浩嗣（なかの　こうじ）
1987年　大阪大学基礎工学部情報工学科卒業
1989年　大阪大学大学院基礎工学研究科博士前
　　　　期課程修了（物理系専攻）
1992年　大阪大学大学院基礎工学研究科博士後
　　　　期課程修了（物理系専攻）
　　　　博士（工学）
1992年　株式会社日立製作所基礎研究所研究員
1995年　名古屋工業大学講師
1998年　名古屋工業大学助教授
2001年　北陸先端科学技術大学院大学助教授
2003年　広島大学教授
　　　　現在に至る

伊藤　靖朗（いとう　やすあき）
2001年　名古屋工業大学工学部電気情報工学科
　　　　卒業
2003年　北陸先端科学技術大学院大学情報科学
　　　　研究科博士課程前期修了（情報処理学
　　　　専攻）
2003年　デンソーテクノ株式会社勤務
2004年　広島大学助手
2007年　広島大学助教
2010年　広島大学大学院工学研究科博士課程後
　　　　期修了（情報工学専攻）
　　　　博士（工学）
2013年　広島大学准教授
　　　　現在に至る

プログラムがコンピュータで動く仕組み
—ハードウェア記述言語・CPUアーキテクチャ・アセンブラ・コンパイラ超入門—
How Program Runs on Computer
—Introduction to Hardware Description Language, CPU Architecture, Assembler, and Compiler—
© Koji Nakano, Yasuaki Ito 2021

2021年11月25日　初版第1刷発行　　　　　　　　　　　　　　　★

検印省略

著　者　中　野　浩　嗣
　　　　伊　藤　靖　朗
発行者　株式会社　コ　ロ　ナ　社
　　　　代表者　牛来真也
印刷所　三　美　印　刷　株　式　会　社
製本所　有限会社　愛千製本所

112-0011　東京都文京区千石4-46-10
発行所　株式会社　コ　ロ　ナ　社
CORONA PUBLISHING CO., LTD.
Tokyo Japan
振替 00140-8-14844・電話(03)3941-3131(代)
ホームページ　https://www.coronasha.co.jp

ISBN 978-4-339-02922-2　C3055　Printed in Japan　　　　（金）

コンピュータサイエンス教科書シリーズ

（各巻A5判，欠番は品切または未発行です）

■編集委員長　曽和将容
■編集委員　岩田　彰・富田悦次

定価は本体価格+税です。
定価は変更されることがありますのでご了承下さい。